幸せな犬の育て方

あなたの犬が本当に求めているもの

マイケル・W・フォックス 著　北垣憲仁 訳

Dog Body, Dog Mind
Exploring Canine Consciousness and Total Well-Being

Michael W. Fox

白揚社

ディアナと、わたしたち二人が大事に思うすべてのものたちへ捧げる

幸せな犬の育て方　目次

本文中の＊は著者の注、〔　〕は訳者による注を示す。

謝辞

たくさんのイヌ、そして動物にお礼を言いたいと思います。おかげで、わたしの人生は豊かになり、わたしは彼らから多くのことを学びました。さらに、リリー・ゴールデンの細やかで熟練した編集作業にはとりわけ感謝しています。また、ライアンズ・プレス社は、イヌをはじめとするあらゆる生きものと人間とのかかわりのなかで育まれる、より深い相互理解と互いを思いやる気持ちについて、さまざまな人たちに伝える機会をわたしに与えてくれました。ありがとう。

はじめに

本書の大きな目的は、コンパニオン・アニマル〔伴侶動物〕としてのイヌについて、そして彼らとのコミュニケーションのとり方について、よりいっそう理解を深めることにある。あなたのイヌが何を感じ、何をしようとし、何を望んでいるのか——。この本を読めば、そうした「イヌの言葉」がいまよりもすんなりとわかるようになるだろう。そうするとイヌも、あなたとのコミュニケーションが楽になり、遊びたいとき、何かに苦しんでいるとき、あなたの注意を引きたいとき、病気かもしれないとき、それを伝えやすくなるはずだ。

人と動物とのきずなは、動物に対する理解とコミュニケーションを改善することでしか強くできないわけではなく、良質な世話によっても強化することができる。本書では、まさにこの良質な世話に求められるものについて書いた。ここで扱うのは、コンパニオン・アニマルの世話と予防医学に関する、ホリスティックなアプローチ〔部分だけで論じるのではなく、全体的に捉えようとする手法〕である。それは、動物の健康と幸福、飼い主とイヌとの健全で幸せなきずなを築くうえで役立つはずだ。

多くの人——子どもや、とくに孤独な人や年配者——にとってコンパニオン・アニマルとのきずなは、人生のなかで経験するもっとも深い結びつきの一つとなっている。長いあいだ、わたしはこの事実に感動させられてきた。それは、獣医および動物行動療法士としての助言を求めてたずねてきた大勢の人の相談に応じていくなかで経験したことだった。わたしは、こうした動物の福祉にかかわる仕事に携わり、国内外のイヌの健康と福祉の向上を目的とした基本的な処置（なかにはずっと実現できずにいるものもある）を提供してきた。本書では、そうした国境を越える仕事をとおして得られた知識や洞察、気がかりなこともまとめた。何といってもイヌは、世界中の人々と、その数え切れないほどの家族にとって、大切でかけがえのない存在なのだ。

かつてわたしたちの祖先が、自然や野生動物、家畜といまよりももっと深くかかわり合いながら暮らしていたころ、動物は人間に語りかけ、神的または霊的な領域で知恵を共有し、わたしたちとつながっていると考えられていた。動物は人々を保護し、教え、癒す存在になっていたのである――だが、そのためには、動物と交わる人々の心が開かれていなければならなかった。

こんにち、動物のもつ力をふたたび見いだし、古《いにしえ》の知恵を甦らせようとしている。このルネサンスというべきものによって、わたしたちの心は開かれようとしている。これは、家族として、遊び仲間として、よき友として、わたしたちの生活を豊かにしてくれるたくさんのイヌがいてくれるおかげだ。動物はじつに多くのものを与えてくれるのだ。

大勢の人にとって、野生のものと触れ合える唯一の機会がペットや家畜である。動物を身近に感じられることで、わたしたちの気持ちは安らぐ。コンパニオン・アニマルと一緒にいるだけで、孤独感や疎外感、憂うつな気分、絶望感を忘れられるという人もたくさんいる。また、コンパニオン・アニマルとともに暮らし、彼らと親密な関係を築くなかで、この世には奇跡的で不思議なもの、さらには霊的なものさえも存在すると確信するようになった人もいる。こうした人にとって、ほかの生きものとのきずなは、子どものころから続く喜びや満ち足りた気持ちの源となっている。

人類とコンパニオン・アニマルは何世代にもわたってともに過ごしてきた。そのため彼らの健康状態や暮らし方には、動物に対するその時どきの人の感性や共感のあり方が反映している。わたしたちにとって、コンパニオン・アニマルとの結びつきは互いに高め合うものでありたいし、理解と同じくらい愛情と敬意にもとづいているのが理想だ。イヌの心をもっと理解し、イヌが欲求や意図、感情を伝える方法についての基本的な理解を深めていくと、わたしたちはいまよりももっと目配りが利くようになり、さらにはイヌとのきずなもいっそう満足のゆく有意義なものとなる。

一方で、人とイヌとの親密な結びつきを蔑む人もいる。そういった人たちは、イヌとのきずなを見当違いな感傷主義や、育児本能が誤ってイヌに向けられたものだと考えており、愛犬を失った人々の深い悲しみに懐疑的で、動物に感情や自意識、心がないと頑なに信じている。コンパニオン・アニマルを、人間の感情を食いものにしているパラサイトだとか、同じ種類の野生動物と比べ退化して劣った生きものだと考えているのである。

長いあいだ飼い慣らされ、人に依存してきたということで、イヌが近縁関係にあるオオカミやコヨーテよりも劣っているとみなすのは、まともな科学というより無知から来る偏見の現れにほかならない。じっさい家畜化された動物の脳は、類縁関係にある野生種よりもわずかに小さいだけで（わたしたちの祖先であるクロマニョン人と現代人の頭蓋骨の容積にも同じことが言える）、生理的な機能や心理状態は人からよい影響をたくさん受けてきていることが科学研究によって明らかになっている。イヌは、野生の祖先と比べて恐怖心が少なく、人間を信頼し、人間とコミュニケーションをとろうとする意欲や順応性が高く、訓練しやすい。しかし、こうした変化を経るなかで、イヌはわたしたちに傷つけられやすい存在になってきた。

これは、動物、とくに飼育下で生まれ育てられた動物が、人と感情的に深いきずなを築くことができないという意味ではない。むしろ動物を飼い慣らすことによって、わたしたちはコンパニオン・アニマルの心の奥深くまで近づくことができるようになった。生まれながら恐怖心が少なく、人間をより信頼するようになったおかげで、イヌはわたしたちに心を開くようになった。さらに本書で見ていくように、洞察力や推理力、先見性、共感する能力、献身的な愛情、感情の理解力といった高度な能力をも見せてくれるようになり、わたしたちに驚きや喜びを与えてくれることも少なくない。だが、こうしたすぐれた特性や才能は、かつては人類にだけあると考えられていたものだ。

こうした事実も単に、イヌも人を愛し理解していると思いたいという欲求や、飼い主がもつ勝手な想像をイヌに投影しているにすぎない、と懐疑的な人は主張する。そうすることで、わたしたちは動物の擬人化、つまり人間にだけ与えられた特質を動物にももたせるという罪を犯している、というのだ。

本書では、こうした懐疑的な考え方に異を唱えていく。なぜなら、この考えは、動物を下等な存在とみなす「種差別主義」に行きつくからだ。そこで本書では、これとは反対の証拠をたくさん紹介し、動物には高度な能力があることを証明するつもりだ。そうすることで、人と暮らしをともにし、いろいろな意味で人生を豊かにしてくれるイヌが、じっさいに自意識や感受性の豊かな心をもっていること、わたしたちよりも今を生きていることを明らかにしていく。彼らと深く心を通わせることで、愛の本質について、そして自然の愛——自然であるものすべてがもつ愛——について多くを学ぶことができる。

わたしの友人であり、よき指導者であった故コンラート・ローレンツは、動物行動学の先駆的な研究でノーベル賞を受賞している。その彼が、かつて国際的な学術会議で次のように述べた。「動物を本当に研究し理解しようとするならば、何よりもまず動物を愛さねばならない」。もしわたしが、この言葉は半分だけ正しいと言ったとしても、きっと彼は賛同してくれただろう。というのも、人や動物を心から愛せるようになるには、その前にまず相手を多少なりとも理解しなければならないし、理解が深まるほどに愛も深まっていくからである。そうしたことから本書の前半では、人と動物とのきずなにおいて不足しがちなもの、つまり愛情に関することよりも、動物の行動やコミュニケーションについて解説していく。

動物行動学者として、またイヌやネコのほか、オオカミやキツネ、コヨーテといった多くの野生動物と暮らしをともにしている獣医師として、わたしにははっきりと言えることがある。それは、慣れ親しみ安心できる環境のなかで愛する者と一緒にいる動物と比べると、研究施設や動物病院にいる動物は、本来のあるべき姿をしておらず、またあるべき姿にもなれず本性を見せることもないということだ。親しみにあふれた環境でこそ、動物の奥深い性質——心や高度な能力——について多くの見識が得られるのである。じっさいにわたしは、コンパニオン・アニマルについての相談や講演、そこでの人々との交流のおかげで、イヌをはじめとするコンパニオン・アニマルの心の奥深くに接し、貴重な発見を重ねることができた。本書をとおして、それらをみなさんと分かち合いたいと思う。みなさんにとっても貴重な発見となれば幸いである。同胞である生きとし生けるものへの理解や敬意、正しい評価をうながすのに貢献できることに、またこのすばらしいつながりを肯定し賞賛する人々と一緒に歩んでいけることに喜びを感じている。

本書の後半では、コンパニオン・アニマルの健康と福祉に関する主要な問題に焦点を当てる。そのほか、ホリスティックな予防医学についての非常に大切な情報を提供するとともに、栄養、ワクチン接種、基本的なトレーニング、よく起こる行動上の問題への対処法についてのアドバイスもとり上げていく。

第1部　イヌの心

1 イヌに意識はあるか

案内役としてのイヌ

イヌに心を開くことができれば、彼らは友人や案内役、そしてわたしたちを癒す存在になる。ネイティブ・アメリカンなどの先住民族の文化では、イヌは、人をとり巻く生態や経済活動になくてはならない存在であり、信仰や神話の一部にさえなっている。現代では、イヌのこうした役割は昔ほど理解されていない。それでもコンパニオン・アニマルとして、彼らはわたしたちの生活に深くかかわり続けている。けれど、イヌがそばにいることを当たり前と思ったり、野生の類縁種の能力とくらべてイヌが劣っていると考えたりしてはいけない。多くのイヌは、野生で生存競争を生き抜き繁殖することができ、人間の世話をまったく受けなくても、生まれもった能力を頼りに生きていくことができるのだ。

一方で、「文明的な」世界で暮らすどんな人にも、先住民族との共通点がある。それは、毎日何かしらの動物と触れ合っているということだ。触れ合う動物はイヌやネコの場合が多い。オオカミやヨーロッパヤマネコ、タカなどの野生動物を飼っているのはごく限られた人たちだ。これは幸運だと言える。

というのも、何千年もの長いあいだ人間のそばで生活してきたネコやイヌとちがい、野生動物は、心も体も人間の生活環境になじむことができないからだ。オオカミとイヌの交配種にも言えることだが、野生動物は飼育されると確実に苦しむことになる。

認められたイヌの意識

動物のことを理解せず、独自の存在として尊重しないなら、わたしたちは彼らに対し、せいぜい感傷的な気持ちしか抱かないだろう。これは、わたしたちの共感する力がとても貧弱なのが原因ではないかと思う。動物の行動や心理についての理解が足りなければ、動物の身になって、彼らが何を感じているか、何を考えているか、何を欲しているか、何をしようとしているかを想像する力も乏しくなる。だが逆に、動物への理解を深めていけば、それだけ動物に共感できるようになるとも言えるのである。

動物に共感できるようになると、彼らへの思いやりと愛情が芽生える。そして、イヌは敏感にそれを察知し応えてくれる。動物への理解が深まると、わたしたちの共感する力も高まり、それによって動物との関係の質や彼らに対する愛情の形が変化していく。つまり、動物はよりかけがえのない存在となり、人間どうしの付き合いではとうてい感じられないような満足を彼らとの交流から得られるようになるのである。

ところが、動物が感情をもつことを認めない人たちがいる。彼らは、動物の行動はすべて生得的で機械的なものだと主張し、動物を蔑視する。こうした人たちは、動物がしていることや感じていることにあえて気づこうとしない。彼らの目には、動物は感情のないロボット、単なる生物的な機械と映っているのである。生計を立てるために動物を利用する人にこうした考え方がよく見られるのは、ただの偶然ではないはずだ。

たとえば心理学者のなかには、人間の赤ちゃんの分離不安のモデルとしてサルの赤ん坊を完全に隔離して育てたり、イヌなどの動物を逃げられないようにして電気ショックを与えて、これが人間の不安やうつ病の研究にとって有益なモデルになると主張したりする者がいる。けれど、これはまったく矛盾している。なぜなら、彼らはこうした実験に道徳的なまちがいはないと考え、動物は人間のようには苦しまないと言っているが、その一方で、動物を使った研究は人間の感情面の問題を理解するのに役立つとも主張しているからだ。もし動物と人間の感情が似ていないのなら、このような研究で人の心理が理解できるはずはない。

動物に感情があることを否定する人は、自分の感情をも認めないのだろうか？　わたしたち人間と動物は共通の祖先をもっているのだ。動物の感情を信じないということは、動物とわたしたちとの生物的なつながりを認めないということにほかならない。そしてこうした態度は、動物に共感しなくなることへとつながる。動物の感情を否定していると、人は彼らを思いやる気持ちをなくしていく。そして思いやりの気持ちを失うと、人は冷酷になり人間性を失う。

なかには、考え方を変えた人も少なからずいる。たとえば、チンパンジーの心臓を人間の患者（と言うよりも実験台？）に移植した世界的に有名な外科医がいる。彼は、心臓をとり出そうとチンパンジーの雄を檻から連れ出したとき、その連れ合いの雌が叫び声をあげる様子に心を揺さぶられ、そうした手術に関わるのをやめた。またあるアメリカの猟師は、仕留めたカナダガンの雌が地上で死の苦しみにもがいているところに、つがいの雄が舞い降りて身を挺してその雌を守ろうとするのを目にした。それ以来、彼は一度も銃を手にしていない。知人の科学者に、イヌなどを使って日常的に動物実験をしている者がいたが、娘が拾ってきた野良犬を飼い始めてからというもの、彼は動物実験をきっぱりやめてしまった。そのイヌが自分に示した愛情と忠誠心に気づき、彼はこれまで実験してきた動物がもつ感受性や知能の高さを理解するようになったのだ。人づてに聞いた話だが、ほかにも捕鯨船の乗組員たちの例もある。彼らがクジラを銛《もり》で仕留めたとき、仲間のクジラたちが船に体をぶつけて助けようとするのを見て、乗組員らは自分たちのしていることに嫌気がさしたという。また、クジラの研究者たちの心温まる例もある。彼らが小さなゴムボートの下を泳ぐおとなしい巨大なクジラに近づいて体に触れているあいだ、クジラはゴムボートをけっして転覆させないよう注意深く泳いでいたそうだ。

動物には単に感情があるだけではない。人間ととてもよく似た感情面での問題を抱えることもある。たとえば、動物行動療法士が「分離不安」と呼ぶ症状がある。これは、イヌでもっともよく見られる感情面の問題で、家のなかで一日中ひとりにされたときに起こる。また動物園では、たくさんの動物が仲間の死や仲間からの隔離によって落ち込んでいる様子が詳しく記録されている。同じように、イヌも大好きな飼い主が亡くなったり、仲間が死んだり（第7章参照）、飼い主が旅行に出かけたさい、よそに預けられたりすると、落ち込んで食物への興味や生きること自体に対する関心を失うことがある。

いまや専門家も、動物は感情をもち、さらに感情的な問題を抱えることがあると認めている。そしてその事実は、動物と彼らがもつ権利をより尊重する方向へと世のなかを動かしているのである。

ここからは、イヌの行動の基本的な側面を概観し、理解を深めていこう。理解を深められれば、より深く共感できるようになる。そうすれば、イヌは信頼や愛情はもちろん、それ以外にもたくさんの贈り物を返してくれ、わたしたちの力にもなってくれるだろう。

＊＊＊

悩みの兆候

イヌは、落ち込んだり苦痛を感じたりしたからといって、必ずしも行動が極端に変化するわけではない。極端な変化とは、跳ね回る、金切り声をあげる、身をくねらせる、乱暴な攻撃ではなく防衛的な「恐怖による噛み」をするといったようなものだが、ここでは、それよりももっと微妙な反応に注意を向けなければならない。そうした微妙な反応が特定の組み合わせや特定の状況下で見られる場合は、それは苦痛の明確な指標となるのである。ここでいくつか例を見てみよう。

1　自律神経系（無意識に身体機能のバランスを制御し、恒常性を保つシステム）の異常によって生じる変化は、肉体的または精神的な苦痛、もしくはその両方に関連していることがある。自律神経系の異常を表す指標には、よだれ（流涎《りゅうぜん》）、瞳孔の拡大、心拍数の増大（動悸《どうき》）、呼吸数の増加（喘ぎ呼吸）、体温の上昇、筋肉の震え（身震い）、筋肉の緊張、立毛、排尿、排便、肛門嚢《のう》の内容物の排出などがある。

2　グルーミングなどの周期的な行動や、摂食や摂水、排泄、睡眠など生命の維持に必要な行動が乱れる。

3　社会的行動に問題があるときは、探索行動や遊びが見られなくなるほか、イヌどうしや人間との交流を避ける（おとなしくなる、他者を頻繁に避ける、恐れによる防衛性の攻撃をするといった行動をとる）ようになる。

4　異常な行動が助長される場合もある。たとえば、食事の拒否が長引き食欲不振（衰弱）や多飲（過度の摂水）になったり、極度の攻撃性や逃走反応を示したりする。また、過剰なグルーミング、自傷行為、歩き回ったり円を描くように行き来したりする常同行動が見られるほか、病気に罹りやすくなる。

転位行動と転嫁行動

イヌのほか人間を含む動物の多くは、葛藤や不安があるとき、突然ある特定の行動をとることがある。注意深く観察すれば、そうした行動から感情の状態を示す明確なサインを読みとることができる。たとえば、自分の体を引っ掻いたり、舐めたり、グルーミングしたりする行動が挙げられる。これは、ネズミやネコ、サル、人間など、さまざまな動物で幅広く見られるものだ。こうした行動は、人間の子どもがする指しゃぶりのように、自分自身による慰めという意味があり、不安を減らす働きがあると考えられている。しかし、そうした行動は常習化して強迫性障害のような症状へと発展し、さらに長期にわたる傷や伝染病の原因になることがある。

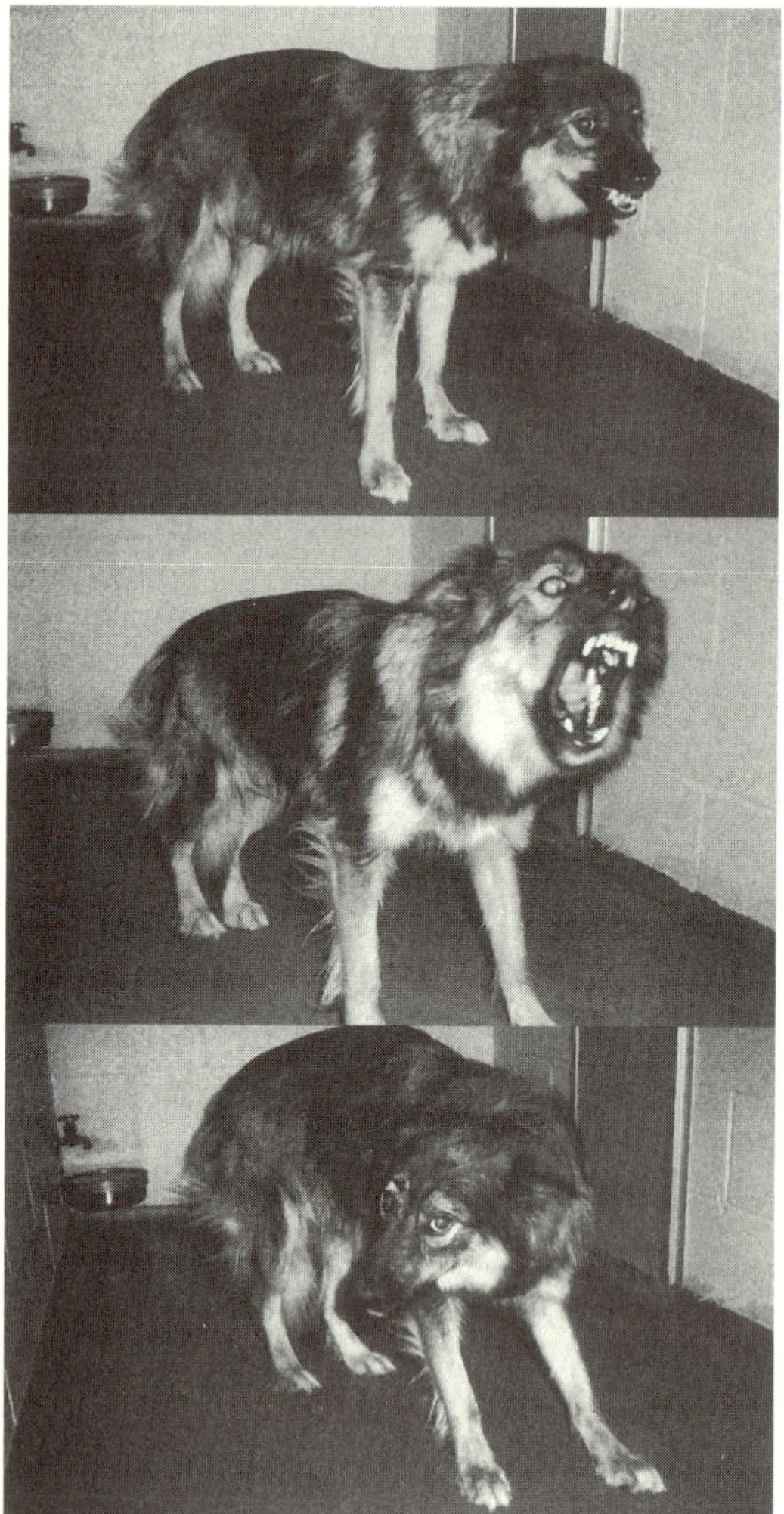

怖がっている動物シェルターのイヌ。服従的に耳を伏せ、尾を挟み、身を守るために唸っている（上）。わたしが近づくと、より攻撃的になった（中央）。しゃがみ込んで優しく話しかけると服従の姿勢になり（下）、撫でることができた。（写真 M. W. Fox）

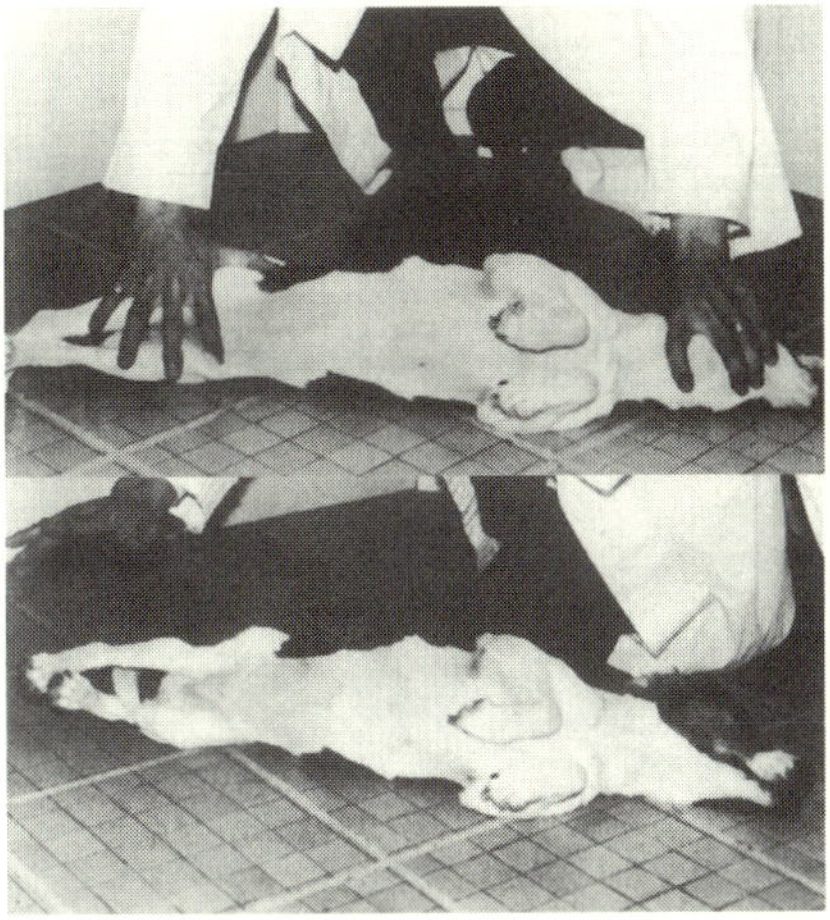

怯えているイヌを横向きに寝かせるだけで、大人しくさせられる。写真のイヌは、幼い時期に体の側面を人間に触れられたことがない。（写真 M. W. Fox）

さまざまな動物で、葛藤や不安を摂食行動へと置き換えることが観察されている（これは、フォーマルなパーティーで見られる人間のおもしろい行動特性でもある）。動物のなかには、恐怖を感じたとき、こうした転位行動をとったり、まるで死んだかのように狸寝入りをしたりするものがいる（シェルターに保護されたイヌは、緊張に対処するために寝たふりをすることがあるが、事情をよく知らない人には、リラックスしているだけのように映るだろう）。

葛藤や不安が原因となって起こる行動には、転位のほかに転嫁というものもある。イヌの例では、フェンスの向こう側にいる相手を攻撃せずに、代わりに飼い主や一緒に飼われているほかのイヌに噛みついたり飛びかかったりするといった行動が挙げられる。この攻撃をリードや植木など動物でないものに向けたり、自分の手足や尾を噛んで攻撃し、自傷行動の原因となったりすることさえある。転嫁行動は人間を含む多くの動物でふつうに見られ、人間で言うと、仕事がうまくいかなかった日に家に帰ってきて子どもや配偶者に当たり散らすといったものがこれに当てはまる。

常同行動

動物園の動物やシェルターのイヌが、檻のなかを行き来したり、円を描くように動き回ったりするのを見たことがあると思う。こうした行動は常同行動と呼ばれ、欲求不満や不安があったり、過度の刺激を受けたり、檻や独房のようなまったく刺激がない状態に置かれたときに現れる。こうすることで自らに刺激を与え、閉じ込められた状態から意識をそらしているのだろう。これも自己を慰める行動で、人間では、不安や過度の刺激を受けた自閉症の子どもや統合失調症の大人で見られ、体を前後に揺さぶったり、指をしゃぶったり、体を両手で包み込むようにして「自分にしがみついたり」する。

常同行動は、うまくいっていないことがあるときに現れる。それは、隣の檻にいる動物のところに行きたいのかもしれないし、食事の時間が近づいたために興奮しているかもしれない。単に退屈して仲間を求めているのかもしれないし、遊び道具を求めているのかもしれない。常同行動には、動物の体がつくる天然の鎮静物質を増やす働きがあることが最近の研究によって明らかにされている。体内の鎮静物質の増加は、ストレスや苦痛に対処する助けとなる可能性がある一方で、常同行動が常習的になったり、やめられなくなったりする原因になることもある。

わたしのイヌを幸せにするものは？

これは、二〇〇六年に英国獣医師会の動物福祉基金が発行した冊子のタイトルである。この画期的な冊子では、幸福や福祉、ＱＯＬ（生活の質）が動物の感情のあり方に大いに関係していることを認めている。あなたのイヌが幸せかどうかを判断するためにまずなすべきは、以下に挙げた動物の心と体の健康を考慮した「五つの自由」と呼ばれる基準に照らし合わせて、世話の方法をチェックすることだ。

1　飢えと渇きからの自由
2　苦痛やケガ、病気からの自由
3　不快からの自由（たとえば極端な気温や居心地の悪い床などからの自由）
4　正常な行動をする自由
5　恐怖や苦しみからの自由

ほとんどの飼い主は幸福に関する1から3の基準については注意を払い、必要に応じて身体的な世話を適切に行なったり、獣医に診てもらったりしている。しかし、4や5となると、動物の行動をある程度、理解していないと対処するのは難しいだろう。本書では、コンパニオン・アニマルを幸せにし健康にするために役立つ知識や指針となるものを数多くとり上げていく。ただし、4と5の基準を満たせているかどうか自信のないとき（コンパニオン・アニマルのＱＯＬに不安を感じているとき）は、必ず獣医や訓練士といった専門家に助言を求めるようにしてほしい。イヌのＱＯＬは、恐怖や苦しみからの自由や、正常な行動をする自由に左右されるものなのである（適切でない育て方や扱い方、しつけが原因で起こる異常な行動からの自由も加えたいところだ）。

動物の幸福とQOLは、飼い主との日々の過ごし方に大きく影響される。彼らが喜ぶ活動をすること、なかでも遊びは大切なので、いろいろな遊びを一緒にするようにしたい。ほかにも、グルーミングやマッサージ、同じ種の動物と交流しながら一緒に過ごせるようにするといったことが必要となる。

あなたに知らせる

動物がわたしたちに苦しみや痛みを知らせるやり方には、明確なものもあれば曖昧なものもある。イヌは、クンクン鳴いたり歩き回ったりして注意を引こうとすることもあるし、静かになり、他者を避け、怒りっぽくなり、触れると唸ったり噛みついたりすることもある。

例として、わたしが飼っているバットマンというイヌの話をしよう。バットマンは、散歩の途中に大きな声をあげながら仰向けになり、空に向かって前足を突き上げたことがある。これは歩き続けるのをわかりやすく拒否した例だ。インドからやってきたばかりで、アメリカで初めて冬を経験したバットマンは、雪を怖がり、足が冷えるのを嫌がったのだ。その後、靴を履かせ、さらに冬用の上着を着せることで、バットマンは寒い冬を楽に過ごせるようになった。また、セントルイスのシェルターから譲り受けベンジーと名づけたイヌは、ある日、何かに怯えているかのような動きを始め、わたしが近づこうとすると後ずさりをするようになった。ここそこと逃げ回ったりして、まるで悪いことをしたかのような態度だった。遊びに関心を示さず、いつものような旺盛な食欲もない。いろいろと検査をしてみると、腸閉塞になっていたのがわかり、すぐに手術ができたおかげで手遅れにならずにすんだ。腸閉塞というと、わたしたちはふつう腹部の痛みやこわばりを連想するが、ベンジーはそうした病気を思わせるそぶりを見せず、症状を隠していたのだ。

病気を隠す行動はいろいろな動物種で見られる。わたしは、ヒツジをはじめ動物園のさまざまな動物を研究するなかでそのことを知った。これは、捕食者の標的になるのを避けるためなのだろう。たとえばオオカミは、シカやカリブー〔北米に生息するトナカイの一種〕の群れを「テスト」する。そして鋭い観察眼で、群れのなかの弱った個体や病気の個体、ケガをしている個体を正確に見抜き、狙いをつけるのである。

病気になると群れから立ち去り、ひとりになる動物もいる。静かで安全な場所を見つけて、自然に快復するのを待つということなのだろう。けれども、これが必ずしもうまくいくとは限らない。とくに飼っているイヌにこうした行動が見られた場合は、獣医に診てもらい、詳しい検査を受けたほうがいい。そのさい、屋外を移動中はリードを外さないようにしてほしい。この状態のイヌがいったん逃げ出すと、見つけられなくなってしまうかもしれないからだ。病気になり「死期を悟った」イヌが、死に場所を求めていなくなる事例がそこかしこで見られるようだが、背景にはこうした身を隠す行動があるのだろう。

その一方で、野生動物でも苦しんでいるとき、人間に助けを求めようとすることがある。たとえば、ヤマアラシの針が顔や口、胸に刺さったことでひどい感染症に罹り、死にかけていたあるボブキャット〔ヤマネコ〕は、二人のクロスカントリーのスキーヤーのところまではって進み、彼らの前で横たわったという。二人が病院に連れて行ったおかげで、そのボブキャットは治療を受け野生に戻ることができた。

わたしと妻のディアナ・クランツは、南インドで何年にもわたって動物シェルターを運営していた。そのあいだ、驚くような経験を何度かしたけれども、獣医の手当が必要となるくらい重体の動物が、治療を受けるために自らわたしたちのもとへやって来るということが二度あった。一回はスクリューワーム〔アメリカオオビキンバエの幼虫〕に寄生されたスイギュウで、もう一回は車とぶつかり背骨と骨盤が折れたまま、一・五キロほど体を引きずってきたイヌだった。そのスイギュウもイヌもシェルターに近寄ったことはなかったが、どういうわけか、このシェルターが動物たちの世話や治療をする場所だということがわかっていたようだ。

また二〇〇三年七月、AP通信にこれと似たような内容の記事が掲載された。それによると、交通事故に遭ったある高齢の黒いラブラドール・レトリーバーが、ウエストバージニア州のベックリー地区動物病院に自力でたどり着いた。そのレトリーバーは、足を引きずりながらガラスの引き戸を通り、玄関ホールにいた全員が見られるところに横たわり助けを待った。驚いたスタッフが急いで手当をし、飼い主を捜すためにこのニュースを広めた。

感情の理解力と感受性

わたしと妻は、インドの動物シェルターで三〇〇匹に及ぶさまざまな種類の動物と接していくうちに、病気やケガをして治療のために運ばれてきたほかの動物をいたわるものがいることに気づいた。ある雌

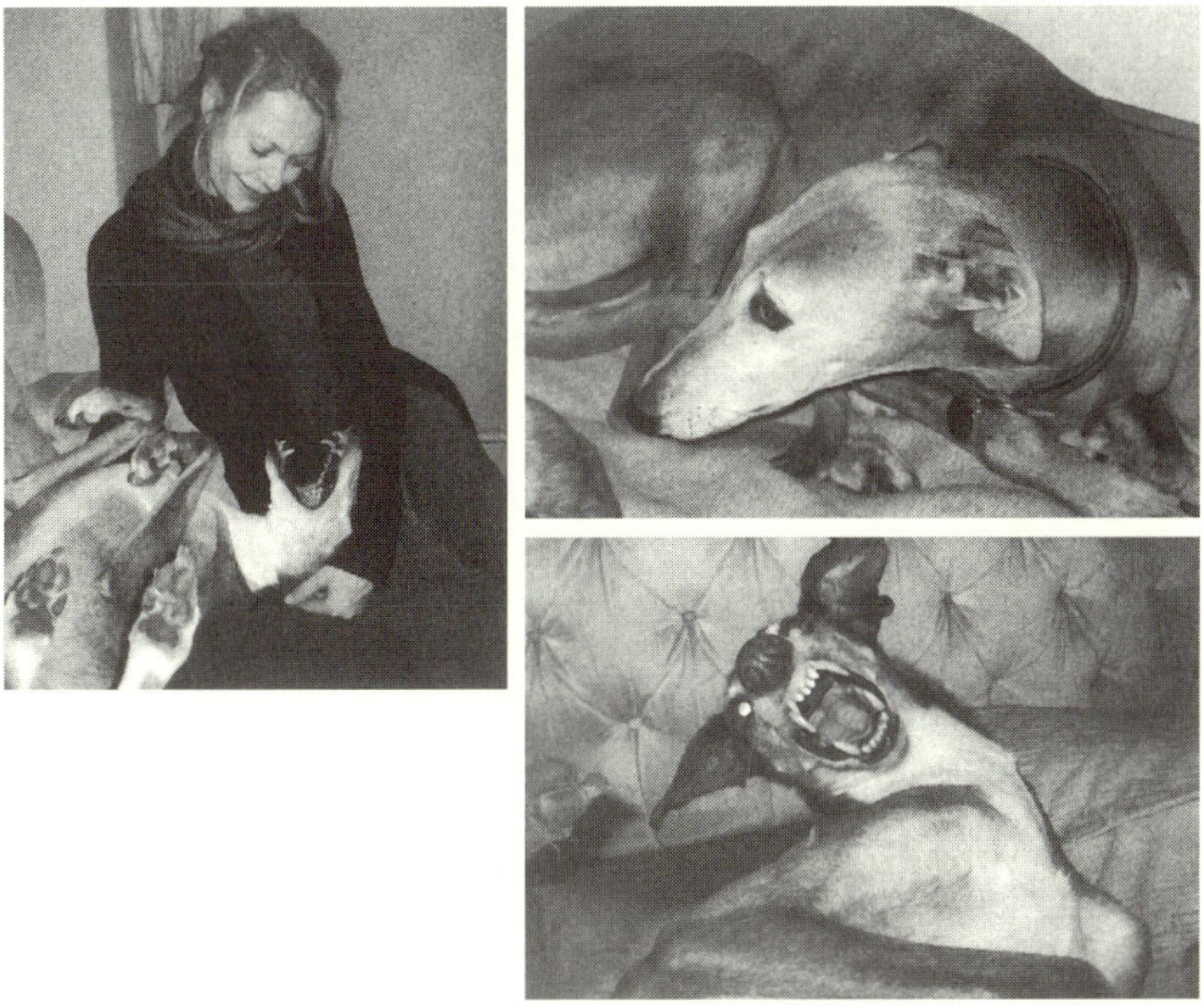

恐怖、信頼、幸せそうな遊びの様子。右上の写真のグレイハウンドは虐待から助けられたものの、視線を合わせず、他者が近づくと身を固まらせていた。左の写真はリハビリを受けた同じグレイハウンドで、仰向けになる信頼の信号を示し、妻のディアナに抱かれて口を開けるプレイ・フェイスの表情をしている。下の写真は、このグレイハウンドとわたしがレスリングをして一休みしているときのもので、楽しそうにわざと「恐ろしい」顔をして見せた。（写真 M. W. Fox）

ウシは親を亡くした子ウマに鼻をすりつけたり舐めたりして世話をしていたし、あるイヌは負傷した子ジカを温め、体を舐めたり軽く噛んだりしつつ、シェルターの動物が近寄ると唸り声をあげて子ジカを守っていた。捨てられた赤ちゃんザルを腕に抱き、優しい声で鳴きながら世話をする雄のサルもいた。そうした光景には心を揺さぶられたものだった。またブルーノというイヌは、仲間の動物が治療を受けている様子をどうしても見ようとしたり、静養している動物のそばでまるでかばうかのように横たわったりした。ほかにも、新入りのイヌを守ったり、シェルターの仲間に引き合わせ交流させたりして活躍するイヌもいた。こうしたありさまを見るにつれ、長いあいだ抱いていたある信念が確信に変わった。それは、イヌを一匹ではなく少なくとも二匹で飼ったり性格が合う別の種類の動物と一緒に飼ったりすることで、飼いイヌはより幸福でより健康になるというものだ。とくに飼い主が仕事で長いあいだ家を空けたりするときなどは、動物たちは互いに寄り添い、気を配り合っているのである。

イヌたちのあいだに見られる関係や反応を観察すると、それぞれ異なる気質をもっていることがわかる。彼らについてもっと深く知るようになると、それぞれがもつ異なる性格を、擬人化して言い表せるようになる。たとえば、優しく外向的、恐がりで疑い深い、好奇心旺盛で遊び好き、のびのびと幸せそう、といったような言葉で、イヌの性格を表現できるようになるだろう。これは、イヌの感情に共感し理解していることの現れだ。イヌなどの動物にも、人間とまったく同じように、それぞれの特有の気質や性格の根底には感情がある。したがって、動物もまた人間的だと言えるだろう（少し話がそれるが、現行の司法制度には、動物に対するこうした考えを受け入れる余地がいまだにない。動物もわたしたちとよく似た感情をもっているのだから、わたしたちと同じ道徳的主体として権利や利害を有している。

このことは、検討されてしかるべきだ）。

さてここで、イヌの飼い主や動物の世話をしている人に次の質問をしたい。じっくりと考えてほしい。

・飼っているイヌを幸せにするのは何か？　そして、彼らが幸せだということを、どうしたら知ることができるのか？

・あなたは自分のイヌにどのようにして愛情を示すだろうか？　そして、彼らはどんな反応を返し、どのように愛情を示すだろうか？

イヌには高度に進化した共感能力や知能があることが、行動に関する説得力のある事例や観察により立証されている。そのため、イヌの心の働きのなかで次に探究すべきは、意識と、イヌを理解するためのカギとなるもの、つまりコミュニケーションの方法だ。イヌがどのようにコミュニケーションしているかを理解すれば、先の二つの質問にも簡単に答えられるようになるはずだ。

2 動物の意識とコミュニケーション

近ごろ、動物行動学に関する興味深い研究が新聞紙上を賑わせている。それはチンパンジーやイルカなどの動物と双方向のコミュニケーションをとろうとするものだ。そうした研究からは、地球の生きもので人間だけが知性をもつわけではないということを裏づける確実な証拠も得られてきている。しかし、これまでの考え方では、人間以外の動物にはコミュニケーションに必要な意識的な意図（つまり気づき）がまったくなく、自分の行動を理解してコミュニケーションしている生物は人間だけとされていた。

一部の哲学者は、動物が音声による言語をもたないのなら、動物は思考することができないだろうと主張してきた。人間だけが他者に感情や意思を伝えられる言語という手段をもっているのだから、人間だけが思考することができるというわけだ。まさに人間中心的で、とるに足らぬ考え方だ。イヌの飼い主ならまちがいなく異議を唱えるだろう。しかし、科学の世界にはこうした考えが長いあいだはびこってきた（これが、こんにち見られる動物へのさまざまな虐待の元凶なのだろう）。

動物の精神面はこれまであまり研究されてこなかったが、それはどうしてだろう。一つに、動物と親密な関係を築き、彼らの社会に受け入れられ、感情的にも動物と「一体」となるような研究者がほとんどいなかったことが挙げられるのではないだろうか。だが、一九七〇年代に飼育下のオオカミを対象に研究を行なったとき、わたしはまさにそういうタイプの研究者だった。J・A・ブーンの著書『動物はすべてを知っている』〔上野圭一訳、ソフトバンクパブリッシング〕で語られた、彼とストロングハートという名のジャーマン・シェパードとの関係のように、そのときわたしにとってオオカミたちは教師のような存在になっていた。

イヌやオオカミのほか、高度な社会性をもつ哺乳類（飼育下の霊長類やゾウから、クジラやイルカまで）とのコミュニケーションでは、愛情のきずなを築くことがきわめて重要なようだ。しかし、主観的で共感にもとづく調査方法は、こんにちまでほとんどなされてこなかったし、少なくともそうした手法は、調査対象と距離をおき客観性を重視するたぐいの研究者の姿勢とは相容れなかった。動物行動を研究する者は、飼い主とペットとのあいだに見られる、種の垣根を越えるような精神的な結びつきをもっと見習うべきだろう。

動物と人とのコミュニケーションからは、彼らのもつ知性をうかがい知ることができる。ジョン・リリーが研究していたイルカに、トレーナーの言葉を聞き分け、指示された色のボールをもってくることのできるものがいた。しかし、そのイルカはわざと指示とはちがう色のボールをもってくるようになったという。そうした行動パターンから明らかになったのは、このイルカが遊びのルールを逆にして伝えていたということだ。これは、イルカが高度に進化した知能とユーモアのセンスをもつことをはっきりと示している。

このイルカの行動は、チーズを催促するあるイヌの行動とも少し似ている。そのイヌは、テーブルのチーズをくれない飼い主を見かねて、台所から大きなイヌ用のビスケットを一枚くわえて戻り、それを飼い主の膝に載せて、チーズをもの欲しそうに眺めた。もっとなじみ深い例を挙げるとすると、リードをくわえてきて飼い主の目の前に落として散歩を催促するといったものや、ボールや棒を足下に落として遊びをせがむといった行動がある。ほかのイヌを遊びに誘う場合でも、これと同じことをしている様子が見られる。

こうした例から、動物は論理的に考えることができ、ときには自らの考えや意図を表現できると言えるのではないだろうか。

単語の認識

とある晩餐会で、訓練のゆきとどいた牧羊犬を見かけた。そのことがいまでも強く印象に残っている。その牧羊犬は、部屋の隅で座って待つように訓練士の女性から言われていたが、彼女が会話をしているあいだ、数回、彼女のそばにやってくることがあった。訓練士がなんの気なしに自分の名前を口にしたのを聞いて、そのたびに駆け寄っていたのだった。その牧羊犬が晩餐会のあいだじゅう訓練士の会話に耳を傾けていたのは明らかだ。こうしたことからも、動物が注意を払える時間の長さを過小評価すべきではないだろう。さらに、わたしたちが考えている以上に動物が人間の言葉を理解できる可能性があることも見過ごしてはならない。

よく訓練されたイヌであれば、二〇～四〇語ほどの単語を覚えられる。場合によっては、それ以上のことだってある。これは、言語を習得する前の子どもと似ていると言えるだろう。子どもたちは「ママ」「パパ」くらいしか言えなくても、言われたとおりにテレビや読書灯のスイッチを入れたり特定のオモチャを捜し出したりして周囲を驚かせる。

二〇〇四年、ドイツのライプツィヒにあるマックス・プランク進化人類学研究所のユリア・フィッシャーと共同研究者たちは、リコと名づけられた一〇歳のボーダー・コリーを詳しく調査することにした。リコは二〇〇語近くの「語彙」をもつことで知られていて、博士らはそこに目をつけた。リコはさまざまなオモチャの名前を覚えることができ、さらには一か月前に設けた一回の学習時間で、出題された新しい名前六つのうち三つを覚えておくことができた。これは単純な条件づけではなく、れっきとした思考だとフィッシャーは指摘する。またリコは、既知の対象物なら名称を指示されただけでもってくることができただけでなく、聞いたことのない名前の物をもってくるように言われると、一〇回のうち七回はこれまで見たことのない物をもってきた。こうしたことから、リコには高い洞察力と論理的な思考力があることが見てとれる。フィッシャーらによると、リコの学習速度は三歳児ほどで、異なる単語と音を記憶する能力はサルやイルカ、オウムと同程度とみられるという。

鳥にしても、単語をまねるのは必ずしも単なる条件づけというわけではないようだ。カリフォルニア州ハイランドに住むメアリー・ウィトビーは、飼っているカラスについて手紙を書いてくれた。エドガー・アラン・クロウと名づけられたこのカラスは、翼にケガしたのがきっかけでウィトビー一家に拾われ、家族の一員となった。メアリーによると、エドガーはとくにメアリーの母親が大好きで、しゃがれ声で彼女に「アイ・ラブ・ユー」と言っていたそうだ。

記録によると、もっとも訓練された鳥はニキシと名づけられたヨウム〔インコの一種〕で、二〇〇四年一月に放送されたBBCテレビの「ワイルドライフ・マガジン」のなかで紹介された。このヨウムに科学者たちは衝撃を受けた。なぜなら、彼は九五〇語の語彙を操るだけでなく、それらの単語では表現できないような新しい考えが浮かんだとき、独自の単語や文句をつくり出すことができたからだ（また、状況に応じて過去形、現在形、未来形を使うこともできた）。たとえば、ニキシがつくった文句に「素敵なにおいの薬（pretty smell medicine）」というのがある。これは、ニューヨークに住む飼い主が使っていたアロマオイルを描写したものだ。また、彼がわたしの友人の霊長類学者ジェーン・グドールに初めて会ったとき、サルと一緒に写っている彼女の写真を見て、「チンパンジーを捕まえた（Got a chimp）?」と尋ねていた。

ニキシには、ほかにもそれと同じくらいみごとな能力がある。それは、超感覚的な直感力だ（詳しくは第8章で見ていく）。ニキシと飼い主が、二つの部屋に別々に入れられて撮影され、飼い主が絵はがきの入った封筒を無作為に開けるという実験が行なわれた。映像を分析した結果、ニキシは、別の部屋で飼い主が見ている絵はがきを適切な単語を使って表現していた。そしてその正答率は、偶然による正答率の三倍以上だったという。

少数ながら言葉を話すイヌもいて、明瞭な発音で言葉をしゃべるイヌも報告されている。タンザとバットマンというわたしのイヌも、はっきりと言葉を話す。彼らは、いますぐにでも外に出たいという興奮した吠え声を、「アウト（外）」という発音に似た声で吠えることを覚えてしまったのだ。また、ある歯科医の手紙には、飼いイヌが六個の異なる単語を明瞭に発音でき、適切なときだけに「話す」と書いてあった。たとえば、冷蔵庫のそばにいるとき、「ハンバーガー」という単語を発声したそうだ。

ここに挙げた例はすべて、ただの条件づけやまねにすぎないとか、オウムが部屋に入ってきた人に「ハロー」、出ていく人に「グッバイ」と鳴くようなものなどと考えてはいけない。こうした動物は、ある特定の状況に関連づけられている音を適切に理解しているのである。次で見ていくように、それは、動物がディスプレイ〔誇示〕というコミュニケーションに用いられる定型的な動作のパターンをもつのと同じくらい明白なことだ。

ボディーランゲージ

飼いイヌのしぐさや身振りをまねようとしたり、まねてみたいと思ったりしたことのある人はあまりいないのではないだろうか。だが、そうしたしぐさや身振りといった、イヌが発するコミュニケーションの信号のいくつかをきちんと理解しさえすれば、まねるのは意外と難しくはない。わたしは『イヌのこころがわかる本』〔平方文夫ほか訳、朝日新聞社〕のまるまる一冊を使って、イヌが発するこうした信号を詳しくとり上げた。そこで紹介した信号の多くは、みなさんがまねしてもよいものばかりだ。

コミュニケーションの信号をまねると、いままで知らなかった世界が目の前に開けるようになる。これはわたしたち、とくに子どもに当てはまることが多く、ときには相手のイヌにとっても同じ効果がある。わたしたちは突然、イヌの「言葉」で彼らと気持ちを通わせたいと思うようになり、種のあいだの垣根を乗り越えようという気になるだろう。こうしたことに敏感な動物が示す反応を見ていると、信号をまねる行為は試してみるだけの価値があると言える。遊びを誘うお辞儀《プレイ・バウ》と一緒に、口を開けて喘ぐようなプレイ・フェイス〔飼い主やほかのイヌを遊びに誘うときに見られる表情〕をまねたり、右左に身をかわす動作をまねたりしてみてほしい。すると、イヌと一緒になって追いかけっこをするという、すばらしい体験ができるようになる。

人と動物は似たような信号を同じ意味合いで使うことがよくある。たとえば、相手の目をじっと見る行為は、ほぼすべての動物で脅しの信号になる。また笑顔は、人間のすべての文化、つまり全人類で見られるものだが、オオカミやイヌ、チンパンジーなどでも見られる。しかし、マカク〔ニホンザルやアカゲザルといった短尾のサル〕などの霊長類では、歯を見せて笑うようなしぐさは、友好的な服従というより相手に対する恐怖や防衛性の攻撃と受け止められることもある。ドリトル先生がやっているような動物の物まねは極力しないほうがいいだろう。動物に曖昧な信号を送ると、とんでもない混乱につながるかもしれないからだ。

同じコミュニケーションの信号が、さまざまな状況で使われることもある。たとえば人の例で言うと、目を合わせないという行動は、ある状況では服従の意味に、別の状況では社会的に地位のある人による無視の意味に、さらに別の状況では異性への性的な誘いの意味になったりする。だが、信号の送り手と受け手が自分たちをとり巻く社会的な背景を理解していれば、それを読みちがえることはない。

動物でも、使われる状況によって信号の意味が異なってくることがある。イヌの吠え声がいい例で、ある状況では相手を脅すため、別の状況では警告を発するため、また別の状況では注意を引くために使われたりする。

イヌ科動物の典型的な抱擁。これは雄のマラミュートが雌のオオカミに求愛している写真。マラミュートに抱擁されて、オオカミは口を開けて幸せそうなプレイ・フェイスをしている。マラミュートは歯を見せて笑う服従的なしぐさを示している。(写真 M. W. Fox)

しかし、ときには信号を読みまちがえるということもある。それは、信号の送り手と受け手が、それぞれの置かれた状況や互いに対する期待を共有できていないのが原因だ。好意的な笑いや微笑みが、バカにしたような笑いと受けとられたり、うっとりと見つめることや称賛の意味を込めた視線が、失礼な凝視や性的な誘惑として受けとられたりするかもしれない。偏執症や精神障害をかかえた人が相手だった場合には、信号の読みちがいがとくに問題になりやすい。

動物にも同じことが言える。動物も状況や信号を関連づけることができ、相手を誤解することがある。たとえばイヌは、オオカミが背中の毛や尾を立ててはしゃいでいるのを、いまにも自分に襲いかかろうとしていると勘ちがいしてしまうかもしれない。また、大人しいスピッツのようなタイプのイヌはもともと上向きにカールした尾をもっているけれど、その尾が、オオ

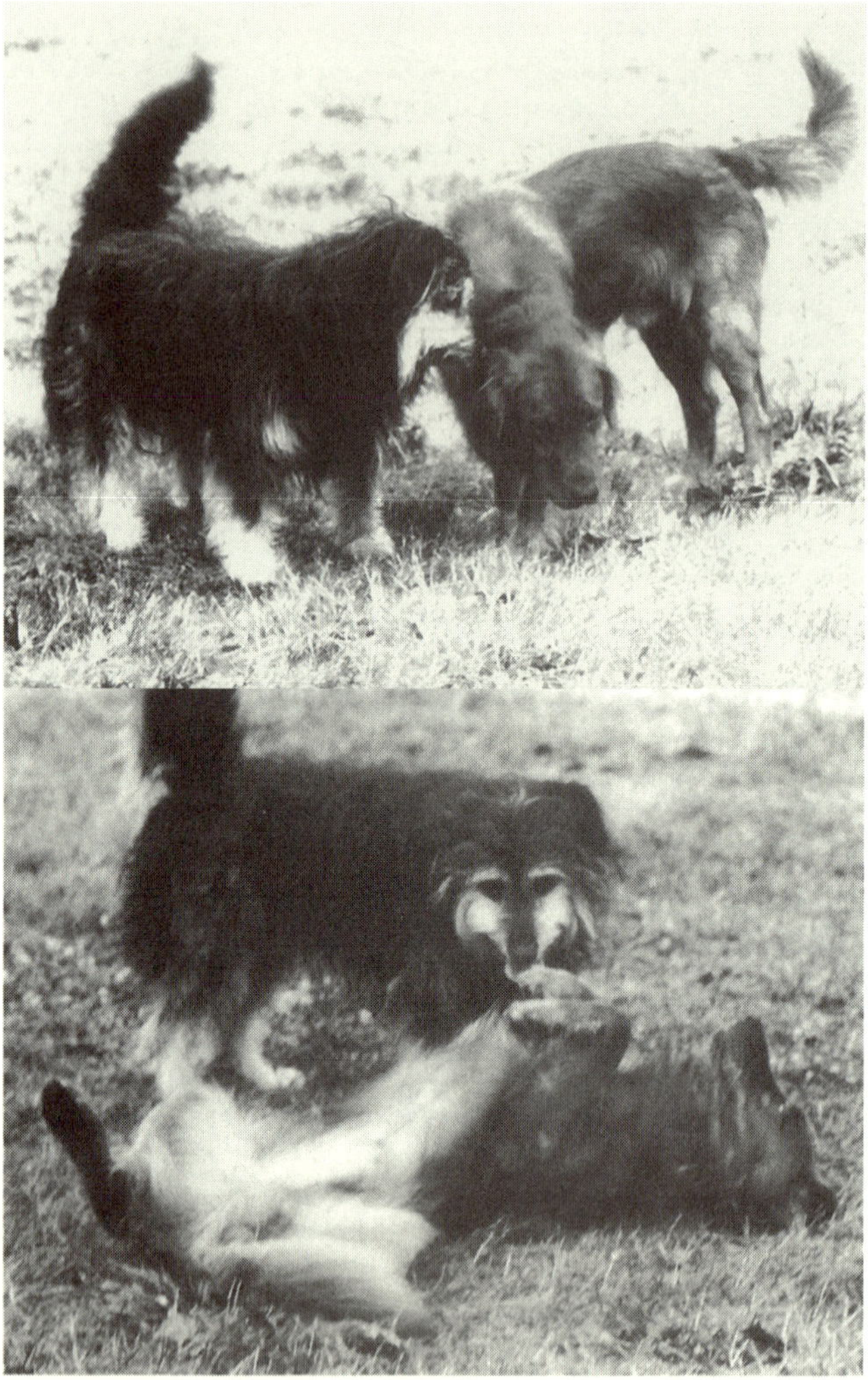

優位なベンジーが鋭い目つきでにらみ、尾を立ててゴールデン・レトリーバーを威嚇している。レトリーバーのほうは目を合わせようとせず、高圧的に歩いてきたベンジーににおいをかがれると、地面に転がり受動的な服従の姿勢になる。（写真 M. W. Fox）

カミやほかの種類のイヌには攻撃の信号と受けとられる可能性がある。それに好意的ではあっても、わたしたちが物珍しそうに目を直視すると、イヌはそれを脅しや威嚇と誤解することもある。

ある女性から聞いた話に、こうした信号に関する興味深い誤解があった。彼女は慢性の咳を患っていてときどき咳き込むことがあり、とくに夕方にひどくなることが多かった。彼女が咳き込むと、リラックスしていたイヌが警戒して吠えだすことがよくあったそうだ。このイヌは飼い主の咳を、警戒をうながす吠え声と誤解したようだ。さらに、友人が飼っているイヌは、食べ物がほしいときに繰り返しくしゃみをすることを覚えたそうだ。動物も人も、他者との関係で生じる概念を共有していないと、コミュニケーションの信号は曖昧なものとなり、誤解が生まれる可能性があると言えるだろう。このことからも、動物のもつ理解力や認識力を見てとることができる。

イヌ語を学ぶ

イヌが使うコミュニケーションの信号は変化に富んでおり、数もたくさんある。こうした信号を認識できれば、より効果的にイヌとコミュニケーションがとれるようになり、彼らの意図や欲求、感情を深く理解できるようになる。

自分の優位を伝える

自分の優位を示そうとするとき、イヌは相手の目をじっと見つめ、首まわりの毛や尾を立て、背中を

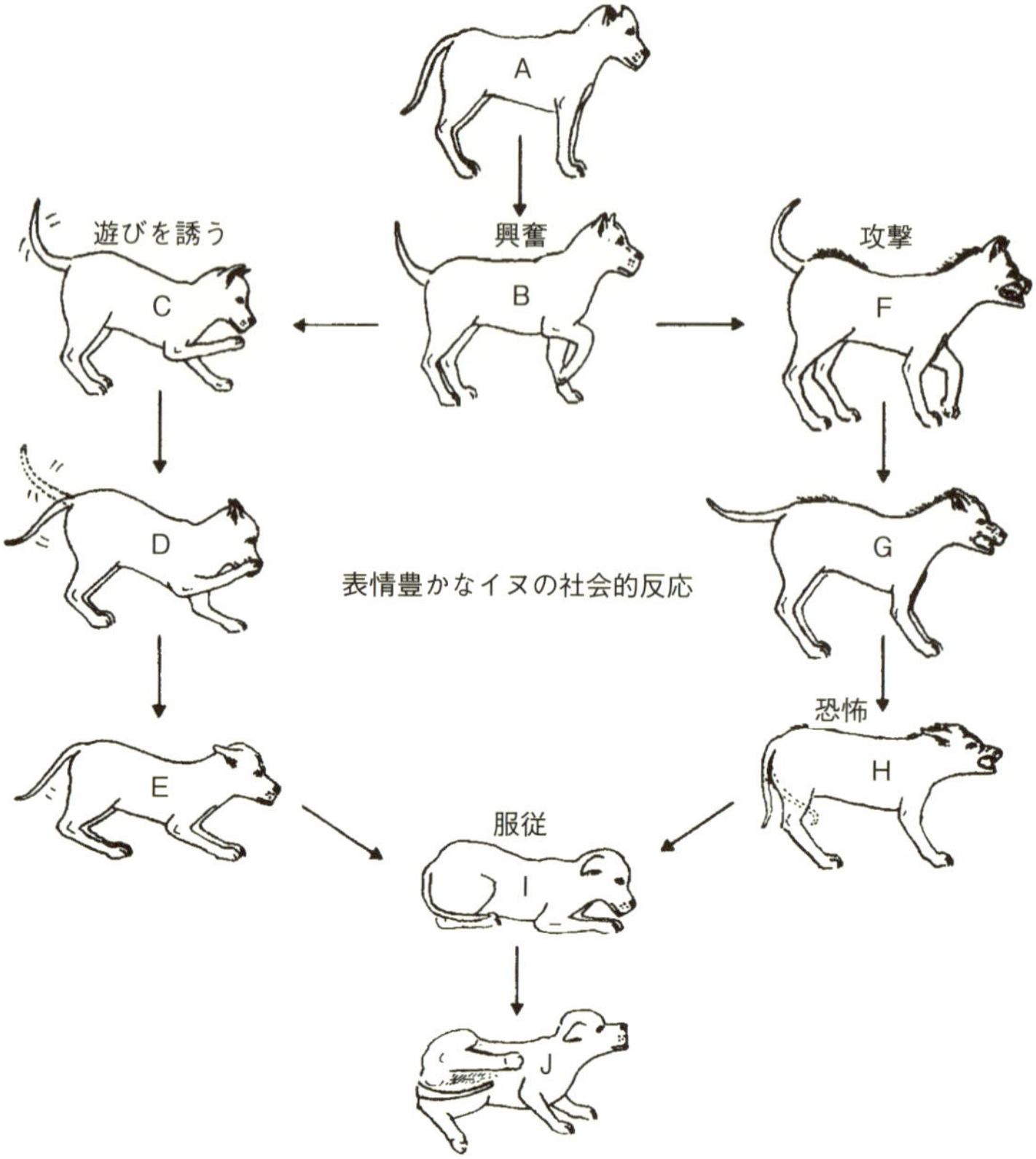

警戒姿勢（A）から、尾を上げ、耳を立てた興奮した状態（B）になる——これは自信があることを示すディスプレイである。支配性の攻撃のディスプレイ（F）は首回りの毛を逆立て歯をむいて唸るもので、ここから尾と耳を下げて体重を後方に移動させると防衛性の攻撃のディスプレイとなる（G～H）。受動的な服従のディスプレイには、身をかがめてアイコンタクトを避ける（I）と、寝転がる（J）がある。興奮した状態（B）から、遊びを誘うお辞儀（C）、さらには服従的・友好的な挨拶（D～E）へと変化することもある。（イラスト Foxfiles）

高く上げ、体をこわばらせて歩く。それと同時に、唸ったり、唇を固く結んで突き出すような攻撃的な表情をしたりする。同じような場面では、人もこれとよく似た信号を使う。わたしたちも脅すように相手をにらみつけ、体をこわばらせ、肩を怒らせ、怒鳴ったり唇をすぼめたりする。だからイヌは、人が怒ったり、優位を示そうとしたりしているのを理解できるのだ。

非言語的な信号をディスプレイと言うが、イヌと人が使うディスプレイにはよく似たものがいくつかある。このことを念頭に置いておくと、イヌとのコミュニケーションはうまくいくことが多い。たとえばイヌをしつけるさいは、つねに目をじっと見つめ、優位なイヌをまねた唸り声をあげるとよい。

一方でイヌは、首筋に噛みついて振り動かすなど相手の体に直接訴えるかたちで、優位に立とうとすることもある。また、鼻づらや頬のあたりに噛みつき、地面に押さえつけることもある。こうした行動をまね、リードを引っ張って振り動かしたり地面に押さえつけたりするのは、社会的に適応できていないイヌを従わせるのにとても有効である。とはいえ、この方法を多用するのは避けたほうが無難だ。

極度に活発だったり攻撃的だったりする子イヌを、飼い主に従わせ大人しくさせるには、きわめて穏やかな「取っ組み合い」を行なうのが効果的で、叩いたりする必要はまったくない。たとえば活発すぎる子イヌの場合は、腕のなかにしっかりと抱くのがもっともよい方法で、子イヌがこの穏やかな拘束を受け入れたら放せばよい。これだけのことで、子イヌは自制することを学ぶのだ。一方で、絶対にしないでいただきたいのは、イヌの行動を制御するのに輪縄式首輪〔リードを引くときつく締まる首輪〕を使うことだ。そんなふうに虐待的に扱われると、イヌはさらに怯えて攻撃的になる可能性があるし、首や喉に大ケガを負ってしまうこともある。

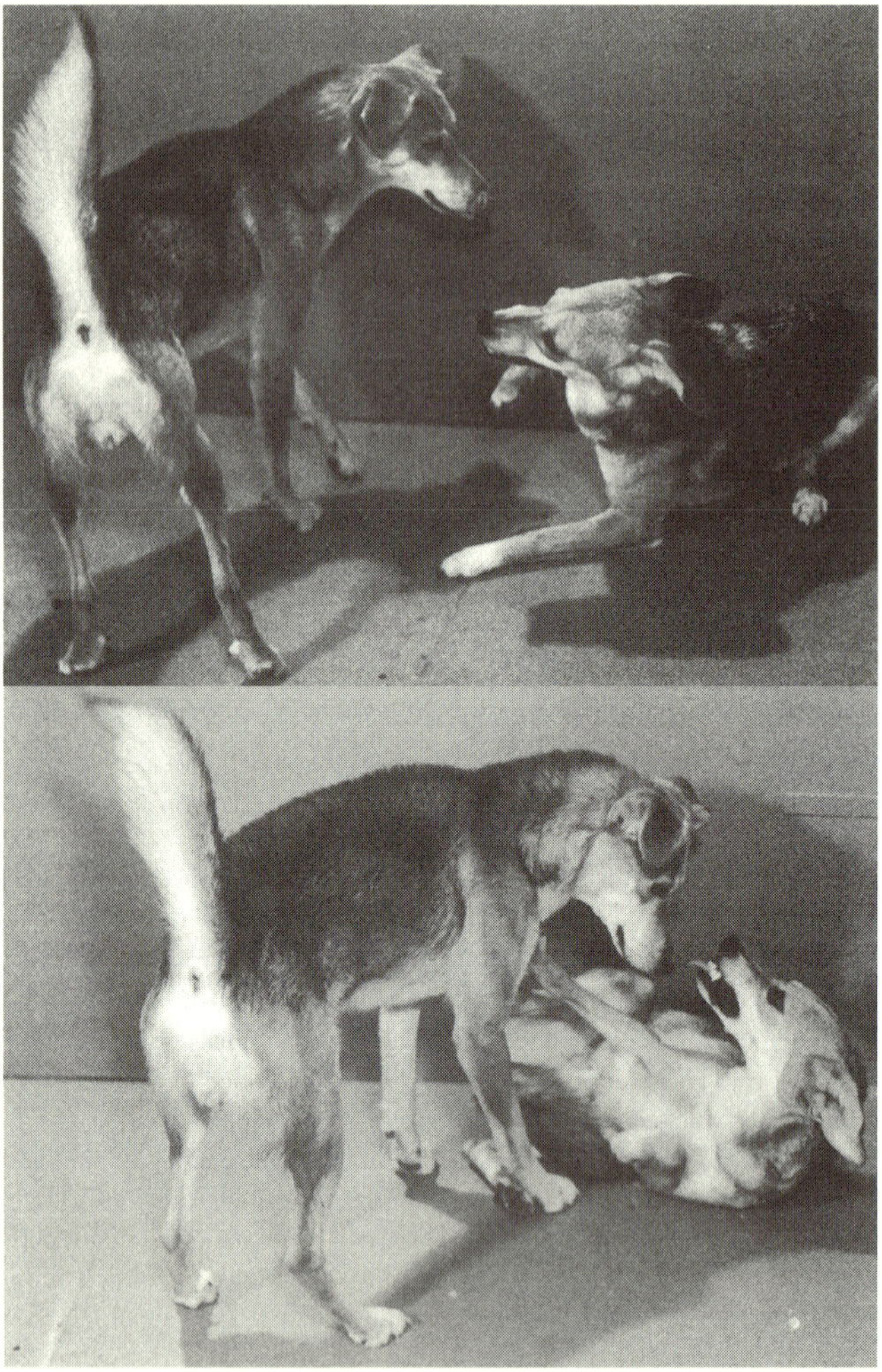

イヌ科動物の典型的な優位性を示す姿勢（左のイヌ）。尾を上げ耳を前方に向けて、相手の目をにらみ、姿勢を伸ばして立っている。服従の姿勢（右のイヌ）では、前脚をもち上げ耳を後方に引いて、体を低くする。最終的には体の片側を下にして横になり、そのさい、舌をペロペロと出したり突き出したりしながら歯をむき、防衛的な唸り声をあげる。（写真 M. W. Fox）

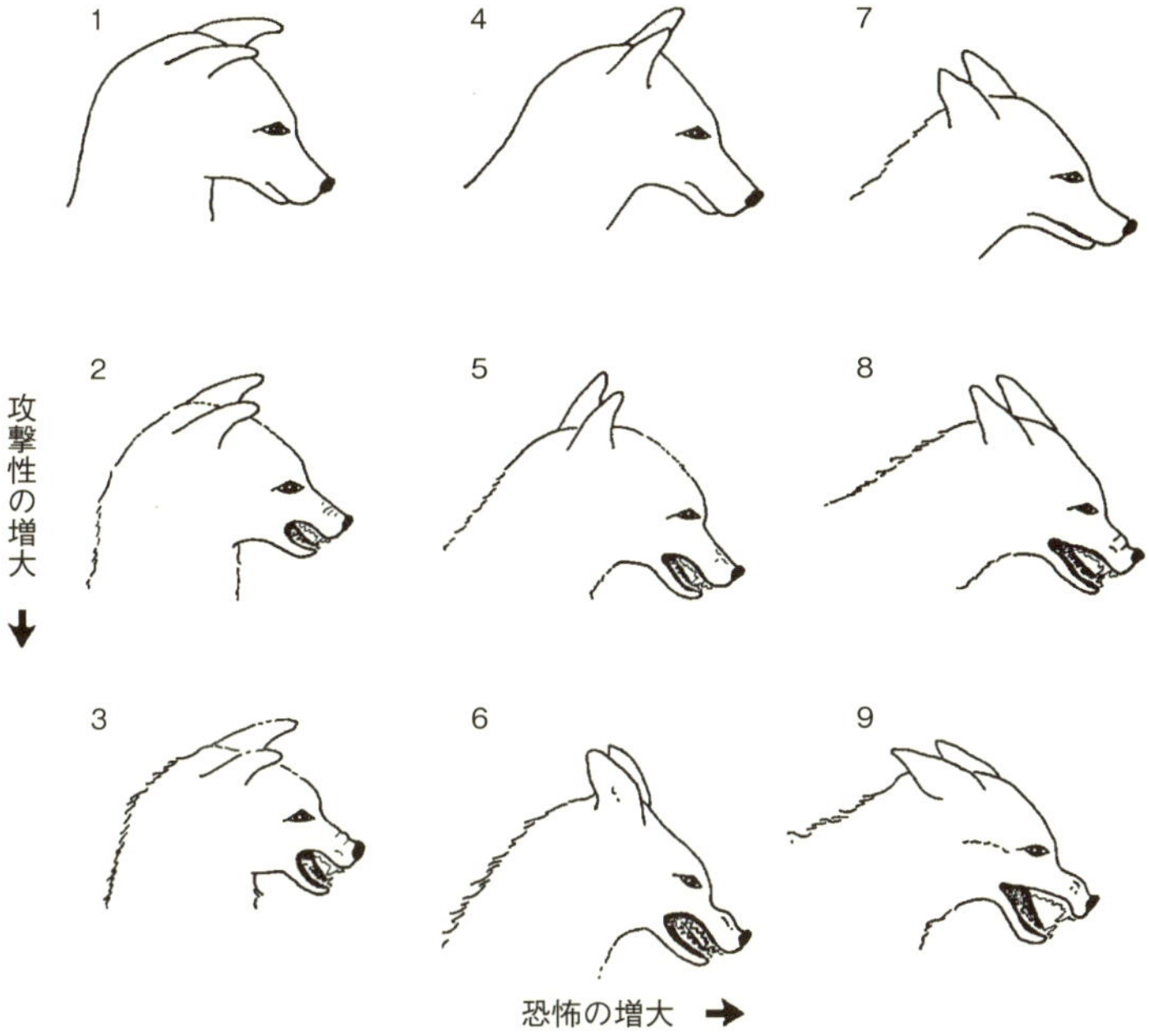

イヌ科動物の基本的な顔の表情。攻撃性の増加（1～3）にともない、耳を前方に向け、歯をむいて唸り、相手の目をにらむ。恐怖心と服従の増加（1、4、7）にともない、耳は後方に向き、唇が左右に引かれて「笑う」ような服従の表情になる。攻撃や恐怖・服従の表情はさまざまな強度で合わさり、1-5-9や3-5-9のような表情の変化が生まれる。9は、恐怖による噛みつきをするさいの典型的な表情である。（イラスト Foxfiles）

服従の意図を伝える

視線を合わせない、別の方向を向く、身をかがめる、こそこそ歩く、尾や耳を下に向ける、唇を水平に引いて口を開けて服従の笑みをつくる。これらは、イヌが服従の意図を示すさいに見せる行動だ。最後の表情は、人がする服従の笑みとほぼ同じものだ。また、イヌと人で共通するものには、恐怖を感じたときに体をわずかに後ろに動かすといったものもある。

ほかにも服従の信号には、前脚の片方を上げるものや、横向きに寝転がるものなどもある。寝転がるさいに、とくに若いイヌでは少量の排尿をともなうことがあるが、ほとんどの場合、成長するにつれて見られなくなる。これを罰するのは、かわいそうなだけでなく、この行動を強化しかねないので注意しよう。

挨拶をする

イヌが下腹部を相手に見せるのは、服従を示す友好的な身ぶりである。また、互いに相手のわき腹に鼻をこすりつけることもする。これは、人でいう握手のようなもので、イヌの下腹部にやさしく片手を添えるだけで簡単にまねることができる。

イヌどうしの挨拶のディスプレイには、興奮してワンワン吠える、キャンキャンと騒がしく鳴く、飛び跳ねて前足で「ハグする」、顔を舐める（キスする）、尾を振る、といったものがある。わたしたちは大きなイヌをハグして挨拶を返すことができるし、ほとんどの飼い主は「キス」のお返しをしている。

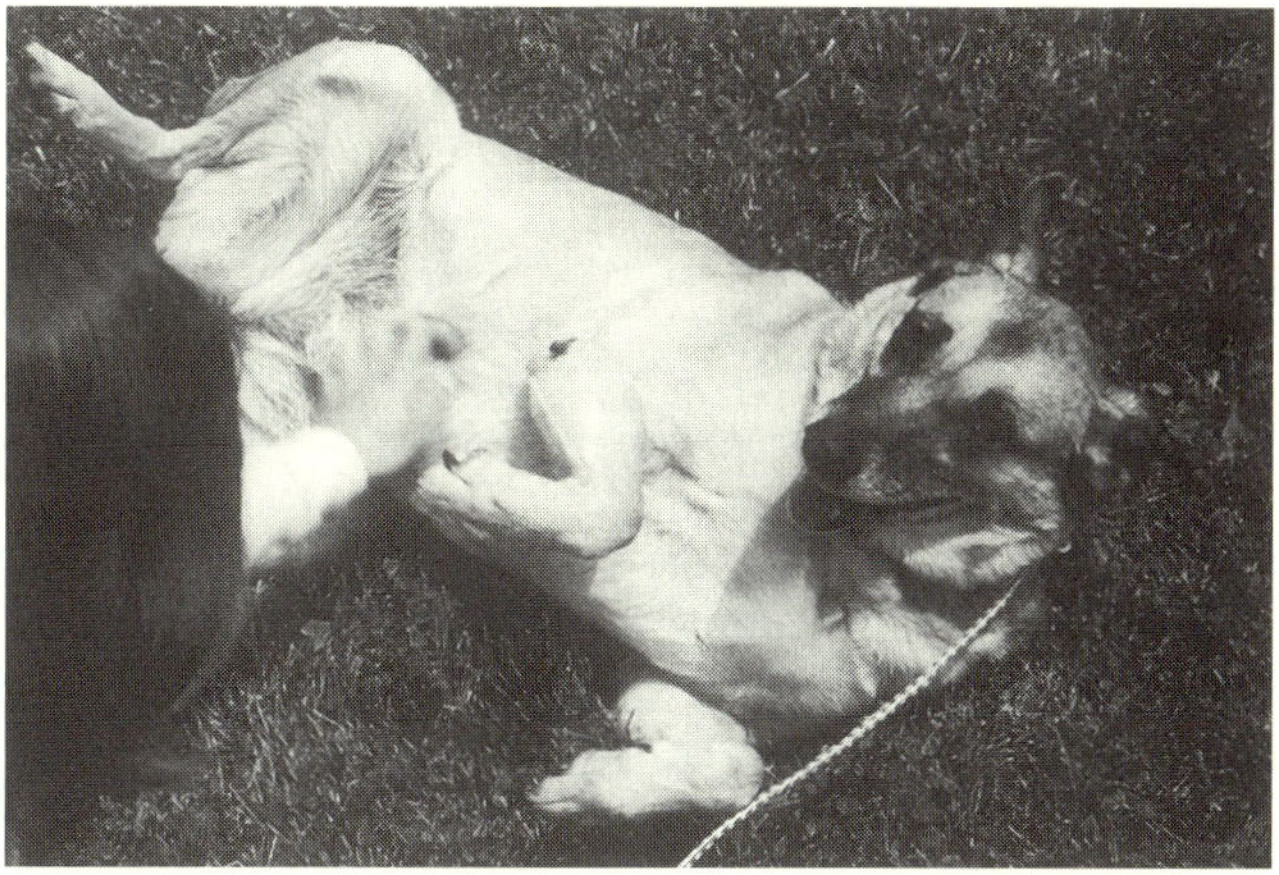

友好的な服従を示すイヌ科動物の典型的なディスプレイ。体の片側を下にして寝転がり、耳を後方に引いて服従の「笑い」の表情をつくり、後ろ脚を上げて鼠径部《そけいぶ》への接触を誘う。写真のイヌは、無防備であけっぴろげな姿勢をとり、相手を完全に信頼していることを示している。(写真 M. W. Fox)

ただし、顔と顔を触れ合わせるのは、健康面での心配が大きい。子どもが子イヌにキスすることがあると思うが、イヌに寄生虫がまったくないこと、健康面も良好であることが確かでない限り、キスはさせないようにしよう。

二匹のイヌが出会って互いを調べるとき、一匹が相手の体を嗅ぎ回るあいだ、もう一匹は動かないでじっとしている。イヌにとって、このじっとしているのはよいマナーにあたるので、それを尊重すべきだ。もし見知らぬイヌがあなたを調べにきたら、動かずじっとしているほうがよい。突然動きだしたり、とくに逃げだしたりすると、追いかけてくることもあるし、攻撃してくることさえある。だから子どもたちには、このことをしっかりと教えておいたほうがよいだろう。

遊びに誘う
イヌは遊びたいとき、前脚を伸ばしたり、生き生きとした目をして口を開けるプレイ・フェイスの表情で「お辞儀」をしたりしてそれを訴えてくる。ほかにも、吠えたり、人の笑い声に相当する激しい喘ぎ声を出したり、前後に跳ね回ったりもする。こうした行動をまねると、友好的なイヌや仲のよいイヌとすぐに意思疎通ができるようになるはずだ。

イヌの尾

わたしは学生につねづね、動物の立場になって考えるようにと伝えている。そのためにできることとして、まずは、動物がどのように行動しているか、何をしているかを観察しなければならない（そして、さまざまな状況のもとで同じ観察を繰り返す）。学生にとって、イヌが尾を振る行動は、動物行動の観察と解釈を学ぶのにふさわしい出発点だった。イヌが尾を振るのは生まれながらのものだと、わたしは言ってきた。はしゃいでいるとき、従順なとき、何かを主張しているとき、少し興奮しているときの尾の振り方は生得的なものではあるが、完全にそうだとも言い切れない。すべてが本能で決まっているのであれば、尾を振る強さ、つまり速度や振り幅、継続時間は、完全に一定で変化がないだろう。しかし、コミュニケーションの相手や状況に応じて、尾の振り方は変化する。たとえば、母イヌが子イヌを遊ばせるのに尾の先を振るときは、意識的に調節して振り方に変化をもたせている。愛情や恐怖といった感情によっても尾の振り方は影響され、そうした状態にあるときは、イヌは必ずしも尾の振り方を意識しているわけではない。ほかにも、忠誠や優位、服従といった他者との関係に影響を受けて変化することもある。こうした社会的な関係は、単純な条件づけというより、むしろ複雑な学習によるものであることが多い。また、他者を個として認識し、相手の感情の状態や意図を理解する能力によっても尾の振り方は変わる。いつ、誰に、どのように、なぜ尾を振るのかは、生得的な能力と学習とが必然的にかかわっているほか、意識（注意深さ）や感情なども大きく影響してくる。

イヌの尾を短く切断する断尾手術を行なう人がいるが、わたしをはじめ多くの専門家はそれに反対している。すでにおわかりのように、尾は、コミュニケーションの手段としてとても重要な役割をはたしているからだ。

尾を使った遊び

イヌ科やネコ科の動物は、尾をもつように進化してきた。尾は高度に進化、適応した器官で、感情の表現やコミュニケーション、意図の伝達を担う。かつてわたしは、雄と雌の二匹のホッキョクギツネが一緒に遊ぶ様子を観察したことがある。ホッキョクギツネのふさふさした尾は、ツンドラ地方の厳しい冬の夜なら顔をうずめ体温を保つのに使ったりするのかもしれないけれど、この二匹の場合は取っ組み合って遊んでいるときに尾をうまく使っていた。二匹のホッキョクギツネが体をぶつけて遊んでいる様子は、ダンスをしているようにも、儀式をしているようにも見えた。追いかけ、取っ組み合い、飛びつき、噛みつき合う。さらに、あくびをする、喉をゴロゴロ鳴らす、喘く、歯をむく、お辞儀をする。そのあいだ、尾は垂直に立っているか、背中の上のあたりでカーブを描く。雌が雄に突進していきギリギ

タンザが小さなリジーに向かって寝転がり、じゃれるような攻撃を誘い（上）、それからリジーに遊びの攻撃をしかけてから（中央）、靴下を使って夢中で綱引きをしている（下）。（写真 M. W. Fox）

りのところで体をくねらせて避け、相手の顔を尾ではたいた。これがきっかけとなって、雄は雌の尾に噛みつく。するとすぐに雌は飛び跳ね、雌の尾をめぐって文字通りの引っ張り合いが二匹のあいだで始まった。二匹は互いの尾を交互に使って引っ張り合いっこをした。こうした行動は、道具を使用した社会的な行動というべきもので、この場合、尾はオモチャになって二匹のキツネの遊びをより楽しいものにしているのだ。

母ネコの場合は、子ネコの興味を引くように尾の先をピクピクと動かしてからかい、子ネコが尾に飛びかかるように仕向ける。たぶんこれは、子ネコに備わっている狩猟本能を刺激しているのだろう。また、子ネコが強く噛みすぎたときには叱って、自己抑制を学ばせているのかもしれない。イヌの場合は、尾の代わりにぼろ布や靴下で引っ張り合いっこをすることがよくある。

もちろん、社会的な遊びから得られるものは楽しさばかりではない。体を動かすことだけでなく、愛情のこもった関係を築き維持することや、社会的な序列を強化することにもつながるし、さらには創造するといった要素も含まれている。動物は、新しい遊びを考え出したり、ときには動かない物をオモチャにして遊んだりする。また、いろいろな動作の頻度や継続時間に変化をつけたり、動作の順序を変えたりもする。ほかにも、イヌやネコでは遊びのあいだ、序列が逆転することも見られる。優位なものが、下位の仲間にふざけて「やっつけられたり」、マウントされたりするのを受け入れるのである。

わたしは学生に次のような課題をよく出していた。遊んでいるイヌを観察する、多様な動作やディスプレイ（遊びを誘うお辞儀《プレイ・バウ》、顔への噛みつき、開いた口、プレイ・フェイスなど）を見つけて描写する、二匹以上のイヌで見られた遊びの内容を簡単にメモして記録するなどだ。

遊びには精神的なつながりを深める働きがある。写真のイヌは仲がよく、噛みつく強さを意識的に調整して遊びの攻撃を行ない、顎を使った「レスリング」をして遊んでいる。(写真 M. W. Fox)

初めてイヌやネコの遊びを見たとき、攻撃的な行動だと思い込んでしまう人がいる。わたしが休暇をとったさい、二匹のネコの留守番を頼んだある学生は、初日の夜にパニックになって電話をしてきた。彼は、ネコがケンカをしてどちらかが死んでしまうのではないかと心配し、どうすればいいかと聞いてきたのだ。わたしは、夜はいつもだいたいこんな感じで二匹はただふざけ合っているだけ、これは「毎夜の空騒ぎ」だと説明した。これまでも近所の公園で、慣れていない飼い主が、荒々しい取っ組み合いをしているイヌのなかに割って入って止めようとしている場面を何度も見てきた。彼らは、イヌが本当にケンカをしていると思っていたようだ。

しかし、人間の子どもどうしが遊んでいるときも、物が落ちて壊れるし、ケンカも起こる。イヌが遊んでいるときも同じで、とくに生後一八〜三六か月の若い成犬に当てはまる。ふつうは雄どう

わたしの飼っているリジーが、リードを付けなくてもよい公園で出会ったハスキーに対し、地面に寝転がる服従のディスプレイで遊びに誘っている（上）。棒を見つけると、ハスキーを追いかけて棒に噛みつくようにうながす（中央）。二匹は友だちになり、体の大きなハスキーはリジーが抱きついて遊びの噛みをするのを許している。（写真 M. W. Fox）

しだが、去勢された雄でもしばしばケンカになる。ふだんはとても仲のよいものどうしが、獣医に連れていかなければと思うほどの激しいケンカをすることがある。しかし、翌日にはイヌたちは元の仲良しに戻り、いつもどおり荒っぽい取っ組み合いや追いかけっこ、鬼ごっこに熱中するのだ。

イヌの行動の専門家のなかには、遊びの取っ組み合いを社会的な優位や序列を主張するためのもの、相手の強さを測るためのものにすぎないとする人がいる。彼らによれば、イヌどうしやイヌと人との相互関係のほとんどすべてには、支配する者とされる者という関係が基礎にあるという。そして、これはオオカミの群れで見られる厳格な序列やルールと同様のもので、イヌはオオカミが退化し幼児化した種だという。しかしそれが本当なら、ケンカのあとで優位を示すディスプレイや、勝ったものへの服従のディスプレイをするはずだが、じっさいはちがっていて、イヌは互いに対等に挨拶をする。

ケンカ

イヌどうしでもコミュニケーションに失敗することがある。わたしは以前、近くの公園でとても仲のよい二匹のイヌがケンカをしているのを見かけた。二匹とも去勢された雑種の雄で、体は大きく、生後およそ一八か月だった。それは荒々しいケンカで、二匹は唸り、キャンキャン吠え、噛みつき、取っ組み合って転がり、互いの体を押しては駐車してあった車に何度も激突させていた。二匹が疲れてはてて、怒鳴り声をあげる飼い主たちが引き離せるようになるまでこのケンカは続いた。あとでわたしは飼い主たちに、止めようとする彼らの怒鳴り声や心の動揺がイヌをさらに駆り立てる原因になっていたこと、イヌたちが飼い主に煽《あお》り立てられたかのように反応していたことを伝えた。

イヌが煽り立てられてしまうのは、彼らがまさに群れ《パック》の生きものだからだ。動物行動学者はこうした反応のことを社会的促進〔ほかの個体の行動を見て気分的に同調し、同じ行動が促進されること〕と呼ぶ。この反応の少し衝撃的な例を挙げてみよう。群れで第三位のある雌が、ほかの数匹のイヌにからかわれ、乱暴にじゃれつかれて怯えてしまった。彼女がキャンキャン吠え、体をすくめ、防衛性の攻撃と服従のディスプレイをすると、すぐにほかのイヌがこれに加わり、子イヌさえもいっしょになって、代わるがわる彼女に噛みつき始めたのだ。この雌は、まるで群れに追い詰められた獲物のようだった。

これは、イヌの行動のなかでもわたしが好きになれないものの一つだ。こうした行動を、イヌよりもはるかに品性が欠如したストリートギャングや学校の不良集団で見たことがある。かつてわたしは彼らの標的となり、まるで自分が狩りの対象物になったように感じたことがあった。

互いに見知った個体に集団で襲いかかるこうした様子から、反発行動〔社会的に対立関係にあるときに現れる行動の総称〕のもう一つの特徴を見てとることができる。それは転嫁性の攻撃行動と呼ばれるものだ。攻撃している集団の一匹が怖がってターゲットに噛んだり飛びかかったりできないとき、代わりに攻撃している側のだれかに噛みついたり飛びかかったりする。転嫁性の攻撃行動によって、統制のとれた群れによる攻撃が混戦へと変わり、攻撃していた集団内での争いが始まる。こうなると、被害者は無傷で逃げられる可能性がある。こうした転嫁行動は人間どうしでもしばしば見られる（第1章参照）。

イヌのケンカを終わらせるには

あなたのイヌはのんびりした性格かもしれないが、いつかはケンカをするだろう。去勢することで気性の激しい雄の攻撃性を減らす、服従訓練を受けさせる、自由に歩き回らないようにするなど、ケンカを防ぐためにできることはある。しかし、そうした対策をとったとしても完全には防げない。縄張りをめぐるケンカはよくあるし、とくに発情した雄は雌をめぐって争い合う。こんなときの対処法を知っておけば、イヌも飼い主もケガをしないですむ。

イヌのケンカをやめさせるのに一番よい方法は何だろう。もちろん、怒鳴ったりうろたえたりすることではない。そうではなく、冷静を保ち、イヌにバケツ一杯の水（またはジャケットかコート）を投げかける。そして体格的に可能であれば、めいめいの尾と後ろ脚をつかんで引き離し、リードにつなぐ。

決してしてはならないのは、ケンカをしているイヌをもち上げることだ。そうすると、もう一方のイヌの怒りの矛先があなたに向けられ、噛みつかれるおそれが高くなる。自分のイヌを守ろうとして相手のイヌをもち上げた場合でも、自分のイヌに噛みつかれてしまうことさえある。

攻撃してきたイヌが、あなたのイヌよりも大きく凶暴そうに見えるか、小さくてケガをさせてしまいかねないようだったら、自分のイヌのリードをしっかりと握り、相手に向かって怒鳴り声をあげる。そのさい、脅すようにじっと見つめ、片腕を上げて石か棒をもっているようなふりをする。散歩のときあなたのイヌが頻繁に攻撃されるようなら、杖をもち歩き、攻撃してくるイヌの口にその杖を入れるふりをしてもよいだろう。ただし、杖で叩いてはいけない。痛みでさらに攻撃的になる可能性もあるからだ。

イヌにはいつでもリードを付けなければならないが、つながれたイヌはいつもより攻撃的になっていることに留意する必要があるだろう。つながれることでイヌは、飼い主も縄張りの一部と考え、攻撃的になるのだ。また、リードにつながれた状態は、攻撃されやすいと感じさせてしまうという側面もあるのかもしれない。近寄ってきたイヌが自分のイヌと同じくらいの大きさで、「来るな」と言っても聞かないようなら、リードを離して二匹を交流させてみる。とくに相手のイヌを引っ張って離す人がまわりにいなければ、そうするとよい。こういう場合はたいていケンカにはならない。なったとしてもきわめて儀式的なものであることが多く、唸り声をあげたり、後ろ脚で立ったり、互いの首筋へ噛みついたりする程度で、どちらのイヌもケガをすることはない。

嗅覚に関する言葉

嗅覚がきわめて敏感な動物にとって、香水は紛らわしく、誤った信号になる可能性がある。たとえば、飼い主のつけている香水やアフターシェーブローションでイヌがあからさまに混乱することもあるし、発情することさえある。いったいどんなにおいがイヌの行動に影響するのだろう。不思議に思ったことのある人もいるのではないだろうか。

面白いことに、イヌにはにおいを発する部位がある。たとえば毛で覆われた頭部、頬、鼠径部《そけいぶ》などで、ときには全身からにおいを発する。こうしたにおいがもつ正確な機能はまだ明らかになっていない。飼いイヌの頭頂部や体全体からベビーパウダーのような香りがするという人や、こめかみのあたりからバタースコッチのような香りがするという人もいる。ある女性は、イヌから漂うベビーパウダーのような香りで心が和らぐように感じたという。こうしたフェロモンのもつにおいは、ほかの動物に自分が何者であるか、感情の状態はどうか、どんな性格なのかといった情報を伝えているのだろう。フランスの科学者は、ネコの皮膚にある臭腺と授乳中のイヌの乳房周辺の皮膚から発せられるフェロモンを特定している。さらに、これらのフェロモンをネコ、イヌそれぞれに与えると、行動上の問題、とくに孤独や分離不安に関連する問題を減らす効果が見られたという（そのようなよくわからないものを使うよりも、仲間となる動物を一緒に飼ったほうがよいとわたしは思うが）。

においの境界線——マーキングを理解する

イヌはそれぞれ独自のにおいによる境界線をもっている。雄は雌に比べ、少量の尿で頻繁にマーキングを行なう。雄は少量の尿を吹きかけるが、雌はしゃがんで一度にたくさん排尿する。雄は、近所を回るのに膀胱にたまった尿をどのように使うかを計算して、いつもの場所をマーキングするほか、新しい場所には何度も尿をかけなければならないし、ほかのイヌのマーキングを消すのにも尿を残しておかないといけない。ときには、散歩が終わる前になくなってしまうこともある。それでも、雄は形だけ排尿の格好をする——膀胱が空になっても片脚を上げる面白い習性だ。また、ほかにもよくわからない理由でマーキングを行なうことがあるが、それには彼らなりの理由があるのだろう。

わたしは、飼いイヌのバットマン、キシロ、リジーから、なじみの場所とそうでない場所での彼らのにおいの境界線がどのようなものかについて、多くのことを学んだ。三匹ともに避妊および去勢手術を受けている。リジーはジャマイカ生まれで、キシロとバットマンはインド生まれだ。彼らは縄張り意識がとても強く、家の近くで頻繁にマーキングを行なうほか、とくにほかのイヌがいたりマーキングをしていたりするときは何度もマーキングをする。

マーキングはにおいの署名であり、性別や素性、そしておそらくは個々の感情や欲求の状態、意図、全般的な健康状態や年齢などの情報がやりとりされるのだろう。

リジーは雌で、同じく雌のキシロがマーキングした場所の上に慎重に排尿することがよくある。こうすることでリジーは、キシロの上に立てるのか、それとも雄バットマンに対して、キシロには自分がついているから「用心しろ！」と伝えているのだろうか？　一方でリジーは、バットマンが吹きつけた少量の尿の上にマーキングすることは決してない。

また三匹とも、地面を後ろ足で掻いてマーキングした場所に土を蹴り飛ばす。この行動は、足のにおいとともに、かなりはっきりとした矢印を地面に残すためのもので、マーキングを通り過ぎてしまったイヌにその存在を気づかせる意味がある。

イヌは（退行性の腎疾患や糖尿病などの）病気になると、ふだんより頻繁に尿をするようになる。また、安全でなかったり、安心感を得たいと思っていたり、自分を主張する必要があったりするときも、頻繁にマーキングをする。たとえば、友人が飼っているジャーマン・シェパードの雑種は、脚を上げて彼女のボーイフレンドの脚や服、荷物に尿をしたことがある。

涼しくて湿度の高い夜や、夕暮れから夜明けのあいだ、わたしは自分の鼻がイヌのようであればいいのに、と思う。そうしたら、わたしは正気を失って感覚そのものになるだろう。だからわたしは、夕方、イヌの散歩をしているときに辛抱強く待っていようとするし、何年にもわたり同じ場所につけられたマーキングの鮮明なイメージを彼らが読みとろうとすることに敬意を払う。イヌが読みとっているものが何であれ、それはとりわけ楽しいものではないにしても、きわめて重要なもののようだ。これこそ、きっと物質をとおしたイヌの社会の本質なのだろう。

共有する言葉

イヌを撫でるのは、グルーミングと同じようなものだ。わたしたちは、おふざけでイヌの頭を軽くはたいたり、(とくにじゃれて尾をピクピク動かしているイヌの) 尾を捕まえようとしたりするが、これらもイヌどうしが遊んでいるときに見せる行動だ。わたしたちがイヌに特徴的なこうした行動や信号をたくさんまねる理由は、それらがわたしたち自身の行動にも含まれているということのほか、そうした行動が適切で効果的であるため、イヌがわたしたちにそれらを使うように「教えている」(そう仕向けている) からだ。

動物はそれぞれに「言葉」をもっている。そうした「言葉」の要素は人間を含むさまざまな動物とも共通していて、飼育されている動物はほかの動物のコミュニケーションを学んで理解することができ、ときにはまねしたりもする。こうした異種間のコミュニケーションは、イヌとウマ、ネコとイヌなどで見られ、それらがうまく付き合っている様子はとても興味深い。だが、その最たるものは人とイヌとのあいだで見られるコミュニケーションだろう。

ハーバード大学の人類学者ブライアン・ヘアの最近の報告によると、高い知能をもつチンパンジーやオオカミと比べ、家畜化されたイヌは人間のしぐさの意味を学ぶ能力がはるかに高く、たとえば、食べ物が隠されている場所をしぐさから読みとることができたという。この能力が非常に優れているため、飼っているイヌが自分の心を読めるのではないかと思ってしまう人もいる（イヌにこうした芸当ができるのは、飼い主が無意識に信号を送っているのが理由なのだが）。こうした能力は、何千年にもわたって人類と暮らしをともにするなかで洗練され、人為的な選択を受けてきた結果だ。

動物が行なうコミュニケーションのレパートリーを観察し学ぼうとすると、かすかな信号にどんどん敏感になっていく。そうした信号は、識別できない人にとってはとるに足らないものばかりだ。たとえば、こっちを振り向いて別の方向をちらりと見るだけ、といったイヌの行動がある。これは、よく見られる行動だけれども、状況に応じて「あそこを調べて」とか「ついてきて」とか「容器に水が入ってないよ」という意味の信号になる。状況を理解できないと、飼い主はこうした信号の微妙な意味がわからない。そのためイヌはかなりの欲求不満を抱え、人間はなんて愚かなんだと訝《いぶか》ることだろう。

例を挙げてみよう。ある女性は、クンクンという鳴き声と寝室のドアを叩く音で目を覚ましたが、うるさくて眠れないのですぐにイヌを寝室の外に出した。そのとき彼女は、ひと呼吸おいて「何がしたいの？」と尋ねることをしなかった。また、いつものように様子を見て、イヌが彼女をドアまで導いていき外に出ようとするかどうかを確認しなかった。そのイヌは、ふたたび寝室に入ってからも鳴き続け、何度も叱りつけられた。そしてようやく、女性はその行動の原因に気がついたのだった。そのイヌは、激しく喉が渇き、病気に苦しんでいたのだ。かかりつけの獣医の話では、もっと長い時間、水を与えられないでいたら、病状はさらに悪化した可能性があったという。

動物の発する信号を敏感にとらえる感覚は、人に対しても応用できる。その感覚を磨けば、人とのコミュニケーションで交わされるかすかなしぐさからも多くのことに気づけるようになるはずだ。話をしたり聞いたりしているとき、相手が姿勢を変えたり、視線をそらしたり、身振りを強調したりすることに否が応でも気がつくようになるだろう。それは、肩をこわばらせることや神経質に生唾をのみ込むこと、こぶしを握りしめるといったことと同じくらい、はっきりしたものとして映るはずだ。こうした感覚により、相手に対する共感と理解を深め、実りある対人関係を築いていけるようになるだろう。

イヌの言葉の生徒になる

わたしは、人生の多くの時間をイヌと過ごし、その行動や発達を観察できるという幸運に恵まれた。管理された研究室のイヌ、まったくの自然ではないが管理のおよばない生息地のイヌ、地域のドッグ・パークのイヌ、わたしたちがインドにつくった動物シェルターにいたイヌなどを観察してきた。南インドのニルギリにあるこのシェルターで、わたしの妻はその地域に暮らす三〇匹のイヌからなる群れの世話をしている。このシェルターでは、動物たちは自由に交流し合っていて、そこは動物行動学者にとってまさに夢のような場所だ。そこのイヌは、病気や負傷を治すために連れてこられた新入りのイヌのほか、一〇〇頭近いロバの群れや、片手では数えられないほどのポニーやウマ、複数頭いるウシやヤギ、ヒツジ、スイギュウ、親のいない子どものサルやシカなどとも自由に交流しているのだ。

負傷したイヌやほかの種類の動物とコミュニケーションするイヌの様子を観察するのは、彼らの行動を学ぶうえでとても有益であることがわかった。施設のイヌのなかには、ただ興味を示すだけだったり、怖がったり、攻撃しようとするものもいたが、ほかのイヌを気遣い守ろうとするもの、明らかに他者に共感を示すものが確かに存在していた。彼らのおかげで、施設にやってきたばかりの動物はくつろぐことができ、病気や負傷からの快復が早まり、新たな環境になじみやすくなっている。

ノーベル賞受賞者で、動物行動学の創始者であるニコ・ティンバーゲンが述べたように、「二匹の動物とともにいるときは、あなたはいつも実験をしている」のだ。

わたしの場合、最良の教師はいつもイヌだ。わたしが初めてイヌの行動の研究を始めたとき、無関心な傍観者を装わずに熱心に観察するという、初心者にありがちなまちがいを犯した。その結果、わたしの行動で何匹かのイヌを不安にさせてしまった。観察するというのは見るということであり、これは彼らにとって脅し以外のなにものでもない。わたしはイヌと一緒に育てられ、子どものころは友だちよりも彼らと過ごす時間のほうが多かったので、動物病院でイヌに噛まれたときには驚いた。そのとき、先輩の獣医がイ

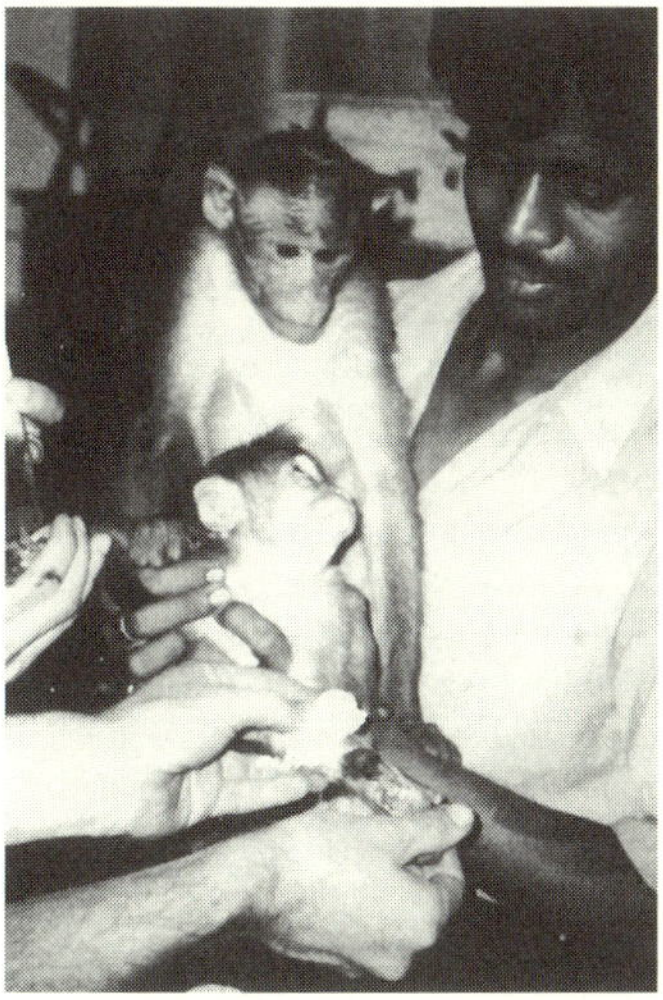

若いボンネットモンキーが、火傷の治療を受けている孤児のサルに対し同情や気遣いを示し、慰めている。(写真 M. W. Fox)

ヌの飼い主と話をしているあいだ、わたしはじっとそのイヌを見ていた。そのイヌがわたしと目を合わせると、わたしは体を動かさず無表情のままで彼の目を見つめ続けた。ちょうどそのころ、わたしは、イヌどうしがコミュニケーションするさいにどのように目を使うかを学んでいるところだった。このあとわたしはすぐに悟ったが、彼らの「目の言葉」では、わたしがこのイヌに向けた視線はきわめて脅迫的で挑戦的な信号だったのだ。

数年後、わたしは体の大きなマラミュート〔エスキモー犬〕に向かって、これと同じような凝視をして、肩を丸めてほんの少し体を前に傾けてみた。わたしの最初の博士課程の学生だったマーク・ベコフと昼食をとっていたときのことだ。このとき、マークのマラミュートはわたしに飛びかかり腕に噛みついた。わたしはそのイヌに振り回されているかのように腕を動かして、痛がるような声をあげた。マークはイスから飛び上がって止めに入ろうとした。けれどわたしは声をあげて笑い、イヌが腕を放してテーブルのまわりを飛び跳ね、吠えたりお辞儀をしたり尾を激しく振ったりする様子を眺めた。

マークの目には、彼のイヌが理由もなくわたしを攻撃したと映ったのだろう。わたしの話を聞くまでマークはひどく動転していた。わたしはマークに次のように伝えた。わたしはイヌを凝視して少し肩を上げた（この二つは脅しの行動だ）が、その前に、彼の視線を受けて、わたしが歯を見せて笑顔をつくり、何回かハアハアと喘ぎ声を出したこと、そしてそれはイヌが遊びに誘うときに使う信号であり、このあとに起こったことはただのお遊びだ、と。

それからマークは、野生や家畜化されたイヌ科の動物の行動パターンやコミュニケーションの信号、それらが使われる順序を記録していった。対象となった動物は、キツネ、コヨーテ、ビーグル、オオカミ、オオカミとイヌの雑種、コヨーテとイヌの雑種だ。マークも気づいたが、彼らのボディーランゲージによるコミュニケーションの基礎を理解すると、ある程度、イヌと「話す」ことができ、意図や気持ちを伝え、理解し合えるのだ。

＊　＊　＊

わたしたちはそろそろ、イヌの行動を観察しまねることで、彼らともっとうまく付き合う方法を学んでもいいころだろう。長すぎると言ってもいいほどのあいだ、イヌはわたしたちのまわりにいて、人間の微妙なしぐさや信号、直接的な指示を学んできたのだ。今度はイヌから学び、本当の双方向のコミュニケーションを実現させよう。

知的な思考と洞察

イヌには、わたしたちのように感情だけでなく、洞察力や推理力、先見性がある。それぞれの例を見てみよう。

・**洞察力**　あるイヌは、飼い主が丈の高い調理台にクッキーを置いて、イタズラ防止のためにイスを台から引き離すのを見ていた。飼い主があとで戻ってくると、イスが調理台のところに押し戻され、クッキーがすべてなくなっていた。

・**推理力**　あるイヌは、飲み水の容器にできた氷を飼い主が長靴で踏み割るのを見た。翌朝、飼い主が容器を見てみると、イヌが氷を割って容器のなかに長靴を入れていた。

・**先見性**　あるイヌは、飼い主の帰ってくる午後六時ごろになると落ち着きがなくなる。また、飼い主の妻がスーツケースを出して荷造りしようとすると、動揺してベッドの下に隠れようとする。

わたしは、動物が意識や自責の念を感じているとかねてから考えてきた。飼い主ならみな、留守番をしていたイヌが家のなかで粗相をしたときに見せるきまりの悪そうな表情を見たことがあるはずだ。このようなあからさまな表情には、イヌが飼い主の反応を予想したことによる恐怖や不安が混じっているのかもしれない。だが、なかには知らないふりをするイヌもいる。ある人に教えてもらったドーベルマンの話が面白かった。そのドーベルマンが家の下の階でウンチをしたとき、上の階のベッドからとってきた毛布で排泄物を覆い、飼い主が帰ってきても、何事もなかったかのようにふるまっていたらしい。けれど、飼い主が毛布を上げると、とたんにイヌは不安そうにしたという。しかも同じことが二度もあった。

イヌのもつ知的な思考能力がはっきりと示された例がある。一九九二年、ニュージーランドでイヌが飼い主の男性に水を運び、命を救ったという出来事だ。その男性はベッドで脳卒中を起こしたために、体の一部が麻痺して動けなくなっていた。男性が救助されるまでの数日間、イヌはトイレでタオルに水を吸わせ、それを飼い主に何度も運んだという。おかげで、男性はそのタオルから水を飲んで渇きをしのぐことができた。

ある農場経営者が飼っていたコヨーテの話もそうだ。彼はコヨーテを長い鎖につないで犬小屋に入れ

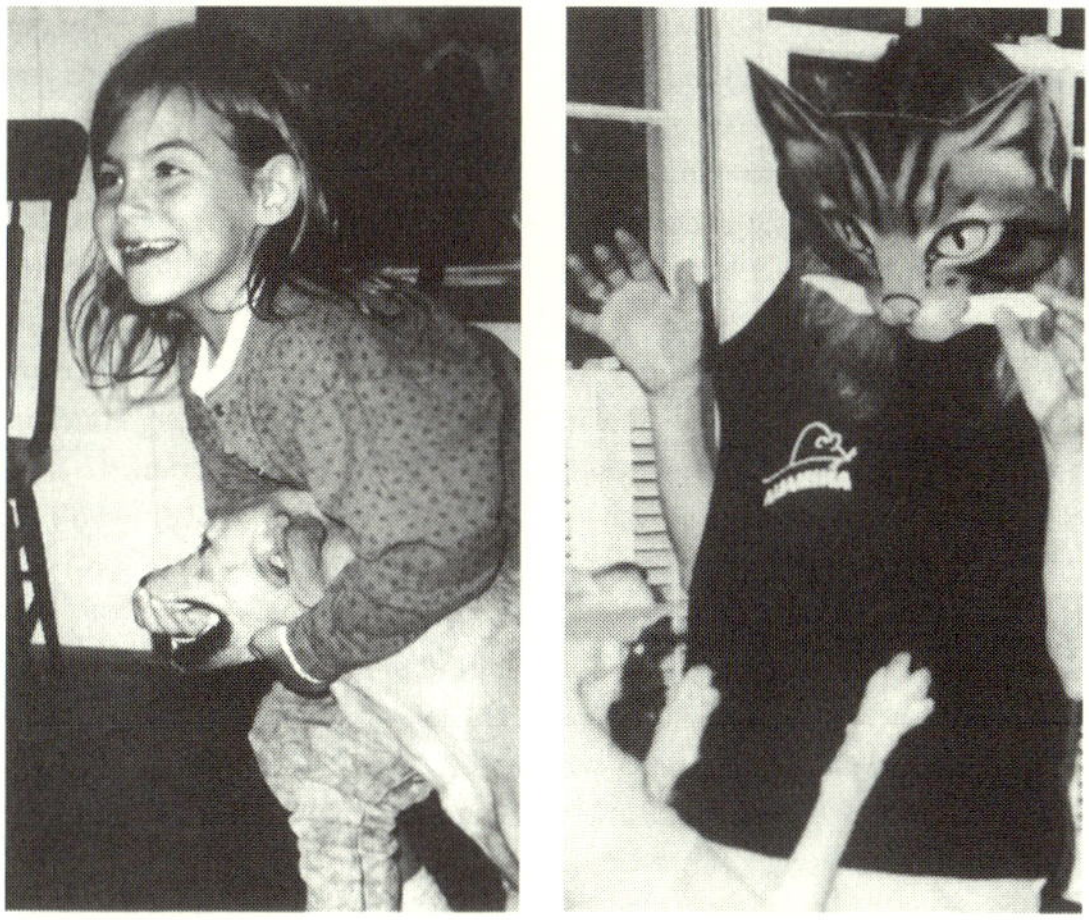

わたしの飼っているタンザが、遊びの噛みは痛くないので大丈夫だということを娘のマラに教えている（左）。タンザのような賢いイヌにとって、お面ごっこはまちがいなく楽しいものだ（右）。（写真 M. W. Fox）

ていた。鎖は噛み切れるようなものではなかったが、たくさんのニワトリが忽然《こつぜん》と姿を消すようになり、男性は何が起こっているのか怪しんだ。そこでニワトリ小屋の近くに身を潜めることにした。すると、自分の餌を食べおわったコヨーテが、貯蔵庫からトウモロコシをもち去っているのを発見した。それから、コヨーテは鎖の端にトウモロコシを置くと、犬小屋に隠れて、ニワトリが食べにくるのを待っていたのだ。罠を使う猟師でさえ、これほどの推理力を発揮することはないのではないだろうか。

　推理力には、物事を論理的に関連づける能力が必要となる。マフィンという名のシェットランド・シープドッグが、飛行機に短時間乗ったときの話だ。彼女にしてみれば、この旅はとても不愉快なものだったのだろう。というのも、それまで家の上空を飛行機が横切るたびに、彼女は不安に襲われ、飛行機が見えなくなるまで吠えたり、あたりを走り回ったりしていたのだ。彼女は、この記憶と飛行機を関連づけていたはずだ。こうした記憶に関連して起こる恐怖や不安は、動物ではふつうに見られる。たとえば友人のイヌは、彼女が香水をつけるとクンクン鳴き始める。それはなぜかというと、過去の経験からそのイヌは、彼女が香水をつけると一晩中出かけていなくなることを知っているからだ。

動物は、わたしたちのように座って思いをめぐらせたり、何かを心配したりするのだろうか？　彼らは言葉を話さないので、真実のほどを知るのは容易ではない。しかし、イヌやネコが不安になったり恐怖を感じたりしているのは、はっきりとわかる。また、イヌやネコも悪い夢を見ることだってある。ほかの動物に襲われたり、獣医の診察を受けるために不快な移動をするといった精神的な負荷を経験すると、寝ているあいだに鳴き声をあげたり、足をばたつかせたりする。

遊び好きの洞察力

児童心理学者は、子どもが遊んでいる様子を観察して、子どもの感情の状態や想像力、創造性を詳しく研究している。同じように、イヌがオモチャで遊んでいる様子をじっくりと観察すれば、彼らの心理について同様の洞察が得られる。次に例をいくつか挙げるので、その意味を解釈してみてほしい。わたしの解釈はこの例のあとにまとめる。

1　靴下やオモチャを家のあちこちに運ぶ。運んでいる物を守ろうとする気持ちが強く、押し入れに隠したり、カーペットや枕の下に隠したりする。

2　発情期から数週後に、使い古したスリッパを与えたところ、それを懸命に守ろうとし、寝るときでさえ離さない。

3　来客があると、自分のオモチャをすべて出して、それを激しく噛んだり前足でひっかいたりする。しかし、来客者がオモチャに近づくと、それを守ろうとして唸り声をあげる。

4　靴下やオモチャを飼い主のところに運んでくる。しかし、それを足もとや膝の上には置かずに、少し離れた場所に落として立ち去り、座って飼い主のほうをじっと見つめる。

5　お気に入りのオモチャを運んできて、来客者の膝の上に載せて、期待を込めて見る。

わたしの解釈は次のとおりだ。


1のイヌは、獲物や食物をあちこちに運んだり、隠したりすることを「空想している」。

2のイヌは、想像妊娠をしており、スリッパやオモチャが子イヌの代用品になっている。

3のイヌは、不安を感じている。来客者に向けられた配慮に嫉妬しており、オモチャを守りたいと思っている。

4のイヌは、自分の置いたオモチャをもってくるよう飼い主を訓練しているか、オモチャをもってこさせて引っ張り合いに誘おうとしている。もしくは、それをもってくるよう挑発している。

5のイヌは、来客者と友だちになり、家族とのあいだのよき仲介者になろうとしているほか、遊びをせがみ、注意を引きたがっている。

イヌの遊びを観察すればするほど（また、オモチャを使って一緒に遊ぶほど）、イヌはわたしたちとよりコミュニケーションがとれるようになり、わたしたちは言葉の壁を越えて、彼らの心について理解を深めることができるようになる。イヌとの親しい関係を望むなら、一緒に遊ぶことで得られる心の深い結びつきはとても大切なものとなる。

イヌが幼い時期に定期的に遊ぶのは、規則正しい食事やグルーミングや運動と同じように重要なものだ。遊びをとおして、イヌは寛大になることを学び、自制心を養い、ケンカや狩りなどに関連するさまざまな行動に磨きをかけていく。仲間との遊びやオモチャを使った遊びでは、追いかけ合ったり、待ち伏せして襲いかかったりといった身体的な触れ合いで見せる喜びと同じくらい、ユーモアや想像力や創造性といった一面ものぞかせる。

3　行動とコミュニケーションの問題を直す

服従訓練

どんなイヌにも、簡単な服従訓練をしたほうがよい。この訓練は、子イヌを家に迎え入れたときからすぐに始められる。名前を呼ぶと「やってくる」ようにしつけるのだ。とくに子イヌを散歩に連れて行こうとするときや、一緒に遊ぶときにこの訓練をすることができる。八週齢を過ぎれば、「おすわり」を教えられるし、強く噛みついたときの「ダメ」という言葉を理解するようになる。

ほめるとき、または叱るときは、その状況がつねに一貫しているようにすること。悪いことをしてしまったら、必ず叱らなければならない。でないと、最後にはイヌが一家のボスとなり、手に負えなくなってしまう。簡単な服従訓練でも、イヌの自制心の発達をうながし、どんな行動が許されるか、どのあたりから許されなくなるのかを学ぶようになる。

すべてのイヌに「まて」「おすわり」を教え、その意味を理解させるべきだ。そうすれば、道路を安全に横断できるようになるし、挨拶のしぐさやジャンプや吠えるのに夢中になりすぎてしまうのを抑えることができる。大型犬や、とくに番犬タイプの犬種を飼っている場合は、必ずイヌの訓練学校に参加させて、服従を学ばせるようにしたい。

煩わしくても、深刻ではない行動

イヌの行動には、わたしたちには異常に見えてもイヌにとってはごく自然、というものがよくある。イヌには人と似た感情がある。彼らも、痛みや恐怖、不安、落胆、罪悪感、喜び、陽気な気分、怒り、服従、愛情といった感情を経験し表現する。さらに、正しいことと間違ったことについての道徳観のようなものが多少なりともあり、ある程度まで物事の善悪を判断できるし、すぐれた共感や洞察を示すこともある。それでもやはり彼らはイヌであり、わたしたちには理解できないような行動をたびたびする。これは、イヌが生まれながらの本能に従って行動しているというのが理由だ。こうした生得的な反応のなかには、飼い主を困らせるものがあるし、異常に見えたり悪い行動に思えたりするものまである。

たとえば、子イヌは（同性異性を問わず）ほかの子イヌや人にマウンティングしたり抱きついたりするといった性的な印象を受ける遊びに夢中になることがよくある。しかし、彼らは同性愛者でもセックス好きなわけでもない。ただ自然にふるまっているだけだ。こうした行動はケンカに発展することもある。これは、「まて」や「おすわり」をさせる、あるいは優しく抱きかかえる（78頁参照）といった簡単なしつけで抑えられる。わたしは、ワシントンにある地元のドッグ・パークで会った男性の一言に当惑したことがある。男性は、（わたしのイヌの）バットマンが性的に見える遊びに熱中し、彼の雄のシェットランド・シープドッグにマウンティングしたり突進したりしている様子に取り乱して、「気持ち悪い」と言ったのだ。しかし、どちらのイヌも去勢していて、明らかにお互いをとても気に入っていた。二匹は会うたびに張り切って挨拶を交わし、もっとふつうの取っ組み合いや格闘ごっこの代わりに、一緒にかけっこや追いかけっこ、性的に見える遊びに興じていただけだ。

イヌの行動に対してわたしたちが期待することのなかには、彼らの行動についての理解の欠如がもとになっていたり、人との対比やわたしたちの価値観や考えによって歪められたりしているものがたくさんある。イヌは人の股を嗅いだりするが、それでもイヌの行動は興味深くて学ぶことも多く、ときには非常に愉快な気持ちにさせてくれる。こうした行動は、イヌが自然体でいるときに見られ、人間による干渉や虐待で歪められていないものだ。差し障りのない生得的な行動であれば、彼らのしたいようにさせ、それを観察するというのがわたしのやり方だ。偏見や期待、先入観で歪んでいない観察によってはじめて動物の行動を理解できるのだ。子イヌの性的に見える遊びを抑制しようとするイヌの訓練士に対しても、何もせずじっと観察するようにとわたしは言いたい（性的に見える遊びは、優位を主張するための第一歩となったり、ケンカを始めるきっかけになったりする）。行動を抑制しすぎると、イヌの気持ちを損なう可能性もある――これはわたしたち人間の子どもとまったく同じだ。

バーバラ・ウッドハウスという、テレビでも有名だったイギリスのイヌの訓練士がいた。バーバラはもう亡くなってしまったが、わたしは彼女の熱意が本当に好きだった。彼女の「楽しく学べ！」というモットーは、生徒であるイヌや飼い主にも浸透していた。支配や管理に主眼を置く旧来の学校とはなんとも対照的だ。わたしからすれば、多くの訓練士には共感が欠如している。そうした態度は、訓練士を残忍にさせイヌに大きな苦しみを与えかねない。

　健康なイヌと親しくなるために、わたしはイヌに好意を示し、わたしのにおいをかがせてから、遊びに誘うようにしている。まずしゃがみ、威嚇しないように無抵抗にじっとして、親密な触れ合いをうながす。人見知りの激しいイヌや、わたしを怖がったり防衛性の攻撃を示したりするイヌには、視線を合わせないようにもする。

　一方で、攻撃的なイヌに対しては、わたしは躊躇なく、そしてあからさまにそのイヌを避ける。精神的な病をかかえている可能性があるときは治療させるようにしている（こうしたイヌは虐待された過去をもつことが多い）。この治療には細心の注意を払った対応が必要だ。食物や水、安心できる静かな環境を与え、そのあとオモチャを使った遊びやグルーミング、リードにつないでの散歩を行なう。対象となるイヌの攻撃がほかのイヌに向けられていない場合は、向精神薬やフェロモン療法による短期間の治療と並行して、落ち着いたほかのイヌと一緒に過ごさせるといったことも行なう。甘やかされすぎたために攻撃的になっているイヌや、完全な攻撃行動ではなく支配性の攻撃を行なっているイヌなら対処は簡単だ。威嚇したり、こちらが優位に立ったりする必要はなく、注意や意欲を遊びに向かわせるとよい。また、イヌが小型で扱いやすい場合は、78頁で紹介するように優しく抱きかかえるようにする。

　社会面・感情面の発達にとって重要な生後数週間を適切に育てられると、イヌは十分に社会化され、行動面での深刻な問題は決して起こさない。ただし、虐待されていたり適切に扱われていなかったりした場合や、臆病や注意力欠陥障害、過活動、攻撃性といった先天的気質（遺伝性であることが多い）がある場合は別だ。イヌをしつけるのにとても効果的な方法の一つに、わたしが「羞恥と無視」と呼ぶものがある。たとえば、イヌがコーヒーテーブルから何かをとったとしたら、立ち上がり、イヌが恥じ入るように叱るような唸り声を浴びせ、自分が意図する方向を指さして「あっちへ行け」と言う。その後、五分から十分ほど無視し、呼び戻して仲直りをするというものだ。

さてここからは、問題視されそうな行動とそれらへの対処法を簡単にまとめるので、参考にしていただきたい。

ジョギングをする人や自転車をイヌが追いかけたり噛みつこうとしたりすることがある。だが、これは別に攻撃しようとしているわけではない。獲物を追いかけるという、いたって自然な反応だ。しかし、二匹以上のイヌが活動的になっているときは、群《パック》れの本能が目覚め、追いかけ、さらには攻撃しようとする衝動が強くなる。この群れの本能を抑えるのにも、服従訓練はたいていの場合で効果がある。

ほぼすべてのイヌが、悪臭や鼻を突くようなにおいのする物の上で転がるのが好きだ。そもそもイヌは、それだけにおいに敏感なので、珍しいにおいを身につけるというのは、感覚を刺激するだけでなく、喜びのもとになっているのかもしれない。香水やアフターシェーブローションをほんの少しイヌに塗っただけで、彼らは満足感を得ることが多く、転がり回るのをやめることがある。

ほかに問題になりそうな生得的な行動には、雌を探し求めてうろつきたいという雄の衝動がある。またときには、雄イヌはケンカ相手を求めて雄を探すこともある。去勢には、こうした衝動を大幅に減らし、欲求不満を和らげ、扱いやすくする効果がある。

庭で飼われているイヌは、いくつも穴を掘って退屈を紛らわせることがよくあるし、夏には自分で掘った穴に横になって暑さをしのいでいるという場合もある。屋外で過ごす時間の多いイヌには、オモチャや運動になるもの、飲み水や日陰を用意するようにしたい。

草を食べるのは、ネコとイヌにとって自然な行動だ。おそらくこれには、嘔吐をうながすことで消化管をきれいにする働きがあり、病気や体に寄生虫がいるサインとは限らない。

同じように糞食も、寄生虫が体内にいるサインではないし、それによって寄生虫が体に入ってくるというわけでもない。これはもっとも頻繁に見られる悪癖で、しつけをする必要がある。だが、糞食は栄養不足の表れであることもあるので、そういうときは、必要な栄養素が整った食餌や最上質の食餌に変えることで（同時にビタミンB複合体や総合ビタミン剤、総合ミネラル剤、もしくはときどき生菌ヨーグルトや乳酸菌錠剤を与えることで）、こうした行動はなくなる。

屋外に出したとき、土や腐った木を食べるのもよくある行動だ。これによって、ふだんの食事では足りない栄養素を摂っている可能性がある。このような場合には、亜鉛やセレンといった必須の微量ミネラルや、ビタミンB複合体を補うとよい。

自分の縄張り《テリトリー》内では、イヌは立ち入ってくるほかのすべてのイヌに対してふつう優位にある（イヌは互いの縄張りを尊重しているようだ）。だからイヌは、見知らぬイヌや人に対して吠えたり攻撃したりして自分の縄張りを守ろうとする。飼い主はこのことを理解して、必要ならば服従訓練や体を拘束することでこうした行動をコントロールするようにしたい。とりわけ雄は、尿で縄張りに印をつけたがる。これは、ほかのイヌに名刺を残すようなものである。おしっこのあとに地面を引っかくのは隠すためにやっているのではなく、目に見える印を添えているのだ。

発情期のあとも妊娠していない雌は、想像妊娠になることがある。このとき、雌は妊娠しているように見え、お気に入りのオモチャやスリッパを守ろうとする。なかには産気づくイヌまでいる。これにともなう精神的な苦痛を防ぐには、卵巣の切除が一番の方法だ。

より深刻な問題

前節で述べたイヌの問題行動は不快なときもたまにはあるが、イヌにとってはごく自然なものばかりだ。しかし、イヌはもっと深刻な問題行動を起こすことがある。そのことを理解しておくのは、予防や対処をするうえで重要である。

攻撃的な行動

ほかのイヌや人を攻撃するといった深刻な問題については、獣医に頼んで行動療法士を紹介してもらうことを強くお勧めする。ただし、体の異常が原因の場合もあるので、十分に検査するのも忘れてはならない。イヌが年をとり、関節炎や甲状腺機能低下といった痛みをともなう慢性疾患に罹っていると、興奮しやすく攻撃的になりやすいからだ。

攻撃的な行動は大きく「防衛性の攻撃」「支配性の攻撃」「指向性の攻撃」の三つに分けられ、この三つを区別するのが重要になる。防衛性の攻撃は、恐れによる噛みつきなどだ。支配性の攻撃は、青年期にふつうに見られるもので、この時期のイヌは飼い主の管理に反抗し、我を通したいという欲求をもつ。指向性の攻撃は、特定の対象にはっきりと向けられた攻撃で、対象となるのは特定のイヌ（以前にケンカしたことのある犬種のイヌだけを攻撃するようになることがある）や特定の人だ。とくに配達やホームサービスにやってくる人など、縄張りを侵す者に向けられる。

こうした行動には、経験を積んだ訓練士や療法士による、脱感作〔刺激の強度を徐々に強めて刺激に慣れさせる方法〕や行動修正法、基本的な服従訓練で対処できると思われる。しかし、攻撃的な行動はイヌによく見られる問題でありながら、それが原因で里子に出されたり安楽死させられたりすることが非常に多く、残念でならない。これには予防が一番なので、生後の早い段階で適切に対処し、社会化させるのが最善の方法だ。そのさい、わたしが「抱きかかえ」と呼ぶ次に紹介する方法がとくに効果がある。

抱きかかえ療法と訓練

子イヌを抱きかかえるのは単純なことだが、イヌを社会化させるうえで必要不可欠で、優しく接するのと同じくらい重要なことだ。子イヌも成犬も、もち上げられることやじっと抱きかかえられるのにすぐに慣れ、親密に触れ合うことや守られているという感覚が好きになる。

これを抵抗せずに受け入れることは、きちんとした社会性を身につけ、飼い主とのきずなをつくるのに欠かせない。さらに、のちの訓練やコミュニケーションの大きな足掛かりにもなる。もしイヌが抱えられているあいだじっとしていないようなら、優しく抱きしめ、しっかりと抑えるようにする。イヌがあがくのをやめ、抱きしめられるのを受け入れ、くつろいでこちらを信頼するようになったら、締めつけを緩め、離してみる。

この穏やかな精神的・肉体的な「格闘」は、成犬や極度に活動的なイヌ、怒りっぽいイヌ、社会化が十分でないイヌの行動を修正するうえで、たいへん役に立つ。こうしたイヌは、甘やかされていたり、物事の限度を知らなかったり、自制心がなかったりすることが多い。

抱きかかえることで、イヌは拘束の状態を受け入れられるようになり、自制心を発達させられる。何よりも、こうした抱擁がイヌのなかに信頼のようなものが芽生えるきっかけとなり、そしてそれが核となって、人とイヌとのあいだに強固で持続的なきずなが生まれるのだ。

家をめちゃめちゃにするイヌ

留守番をするイヌが起こす問題は、たくさんの飼い主が経験する。イヌがひとりで家に残されると、退屈や欲求不満から、過度に吠えたりクンクン鳴いたりするほか、家のいたる所で排泄したり、家具や本、カーテンなどを噛み裂き、家をめちゃめちゃにしたりする。仕事で一日家を空ける人は、イヌを飼う前にこのことをよくよく考えるようにしてほしい。ほとんどのイヌは、毎日ひとりぼっちになることにうまく対処できないのだ。

現実的な対処法としては、ほかのペットと一緒に飼うことや、ラジオをつけっぱなしにしておく、人を雇って世話や散歩をしてもらうといったものが挙げられる。多くの人に人気の対処法として、大きなケージに入ることにイヌを慣らすというものがあるが、一日中ケージに閉じ込めるのは酷なのでわたしは賛成できない。

ケージを適切に使用するのであれば、それはイヌにとって楽しい経験となる。ケージに入る訓練をするには、ときどきケージのなかで食事を与えるようにし、イヌと一緒にいるときは、ケージの扉を開け

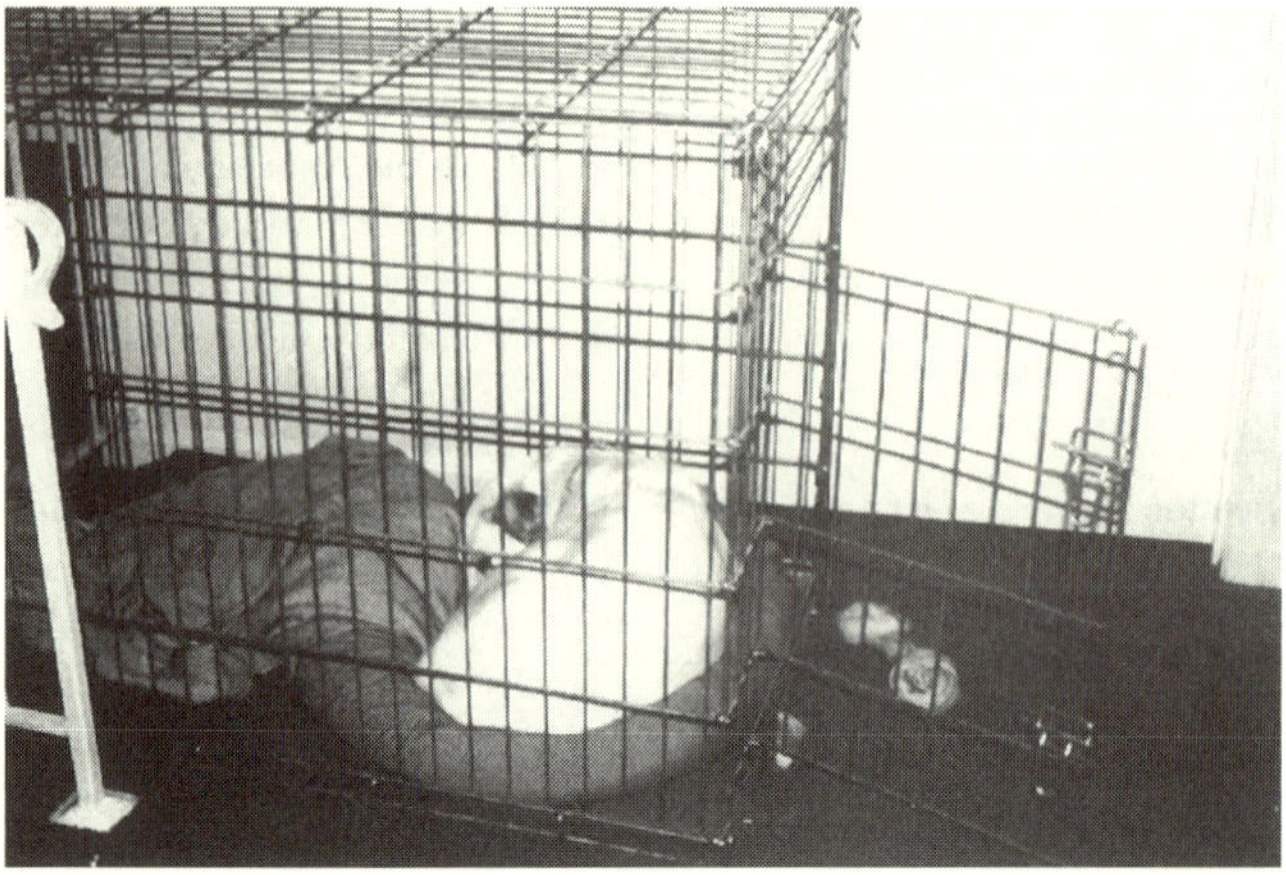

１日の大半をケージのなかに閉じ込めておくのは、治療目的以外では避けるべきだ。幼い時期にケージに慣れさせると、イヌは開いたケージを「隠れ家」として好むようになり、分離不安にうまく対処できるようになる。（写真 M. W. Fox）

たままにしておくとよい。正しく行なえば、そこはイヌの隠れ家になる。こうしてケージが安心できる場所になると、そこに入れられてひとりぼっちになっても、不安にうまく対処できるようになる。

歯が生えたばかりで物を噛みたがる若いイヌが家に残されると、不安や退屈を感じて物を壊すといった行動を起こしやすくなる。最大で二、三時間ならケージに入れておいても問題ない。しかし一日中ケージに閉じ込めるようなことは絶対にしてはならない。子イヌが十分に成長すると、たいていの場合ケージに入れる必要はなくなる。ケージの訓練がきちんとできていれば、成犬になってからも、扉の開いているケージを隠れ家として認識し続ける。

嫉妬するイヌ

新しいペット（あるいは赤ちゃんや配偶者）が

イヌの問題行動を引き起こすことがある——原因は嫉妬と対抗意識だ。新参者に脅威を感じたり、彼らに注目が集まっていると感じたりすると、イヌは不機嫌になり、食事をやめ、攻撃的になることがある。たいていは、イヌにとくに注意を注ぐようにすることでこの問題は解決する。また、前もって新参者への心構えをさせておくというのもいい方法だ。赤ちゃんの場合は、泣き声をあげる人形の赤ちゃんを抱きかかえるなどして、イヌがそうした状況に慣れるようにする。よそのイヌを家に入れる場合は、まず公園や隣人の庭など、どちらの縄張りでもない場所で会わせるようにする。いきなり家に入れると、嫉妬して縄張りを守ろうとするかもしれない。こういうときは、たっぷりと愛情を注ぎ、世話をして安心させるようにするとよい。

神経質なイヌ

イヌは飼い主の行動や気分を鋭く観察しているため、有利な立場から飼い主を思い通りに操ることができる。たとえば、いつもの食餌を拒んで好きなものだけ食べたり（これは健康によくない）、絨毯《じゆうたん》やベッドに排泄したことに対するしつけに抵抗したりする。なかには飼い主の注意を一身に受けようとして、脚が悪いそぶりなど病気のふりをするイヌもいる。これを見抜くには、獣医の診察を受け、病気でないことを確かめる必要がある。

また、精神的なストレスが原因で、心因性の疾患にかかることがある——喘息《ぜんそく》のような発作や痙攣《けいれん》、過度の体の引っ掻き、下痢などだ。一緒にすんでいる人やほかの動物を失うことで激しく落ち込み、食べ物を拒否するといったこともある。

不適切に育てられたイヌ

イヌが適切に育てられなかった場合、これまでとはちがった深刻な問題が起こる可能性がある。しつけに一貫性がない場合や、飼い主の気分や行動にムラがある場合、極度に神経質で不安定になることが多い。

甘やかしすぎたり、鳴くたびに食餌を与えたりすると、依存心の強いイヌや、思うようにならないとき不機嫌になったりキレたりするわがままなイヌになる。しつけや服従訓練をせず、なにもかもを許していると、問題を抱えたイヌになりやすい。こうしたイヌは飼い主を意のままにし、自分の優位な立場が脅かされたと感じると、獣医のような好意的な人や飼い主にもお構いなしに襲いかかってくる。

先天性の異常な気質がある場合は、不適切なしつけによってそれがさらに悪化する可能性がある。そうした気質は、望ましくない繁殖が原因だ。極度の活動性や攻撃性、人見知り、恐れによる噛みといった問題行動は、注意深く交配することで部分的には改善するかもしれない。そのためイヌを飼う前に、その地域の評判のよいブリーダーを探しだし、子イヌの両親を確かめるようにしたい。または、「普通」の雑種を地元の動物愛護団体から引きとることを考えてみてもいい。一般的にこうした雑種は、近親交配を重ねたブリーダーのイヌよりも心身ともに強靭で安定している。

雷への恐怖

雷を怖がるイヌは多い。雷への恐怖が強すぎてパニックになることもあり、飼い主がいないときには家をめちゃめちゃにしてしまうかもしれない。イヌの雷恐怖症を直すには、恐怖症に対する理解と簡単な行動修正法が必要となる。

雷が鳴っているとき、イヌが興奮するのではなく怯えているようであれば、地下室など雷があまり聞こえない場所に連れて行くか、大きな音量で音楽をかけ雷の音をかき消すようにする（ラジオは、雷の発生時にパチパチという音がしてイヌを怖がらせるので、使用しないようにする）。また、毛布をかぶせると落ち着きをとり戻す場合もある。

雷に極度に混乱するようなら、獣医に精神安定剤を処方してもらうようにする。アルプラゾラムは、雷雨や花火の打ち上げの三〇分ほど前に与えると、とくに効果がある。

精神安定剤が効かないようなら、激しい雨や雷を録音し（そうした音源を探してもよい）、雷雨の音量を徐々に上げながら何度も聞かせ、脱感作を行なう。脱感作のさいは、イヌが空腹のときに食餌を与えたり撫でたりしながら行ない、雷雨の音がうれしい経験と結びつくようにする。

行動療法

イヌの感情面や行動面に重大な問題がある場合は、動物行動療法士に助けを求めてもよい。彼らの多くは、専門的な訓練を十分に受けていて、適切で有用な対処をしてくれる。イヌも人と同じような恐怖症や心理的な問題を抱えることがある。そうした問題は、見知らぬ人に対する恐怖（呼び鈴や電話の音に対する恐怖）から、うつ、食欲不振、自傷までさまざまだ。

一定の水準以上の動物行動療法士を見つけるには、まずかかりつけの獣医によく相談するようにしよう。そして、獣医に療法士を推薦してもらう前に、診察を受けるようにしたい。精神的な問題のように見えたものが、じつは体の不調が原因だったということがあるからだ。たとえば、撫でると噛むようになったという場合、社会性に問題を抱えている可能性もあるが、感染症に罹っていて単に撫でられると痛むからというのが原因ということもある。

家族全員が動物行動療法士と話をしなければならないときもある。夫婦の仲たがいや赤ちゃんの誕生、極端に活動的な子どもが原因となって、イヌが問題行動を起こすことがあるためだ。療法士が往診することもあるし、こちらから診療所に出向くこともあるが、状態に合わせて療法を調整する必要があるので継続的に受診するようにしたい。療法士と協力し、指示に注意深く従うようにすれば、治療はそれほど長引かない。イヌとの時間を楽しめるようになるのだから、行動療法は試してみる価値はあるだろう。

向精神薬

向精神薬は、不安やうつ、強迫性障害など、感情面や行動面で問題を抱える人々への治療として有効であることが証明されている。こうした薬が同じような問題を抱えるイヌの治療にも有効であることが、獣医の診療から明らかになってきている。こうした臨床で得られた知見は、意識や感情といったイヌの内面世界が多くの点で人と似ているというわたしの主張を補強するものである――そうでなければ、人で効果のあった向精神薬がイヌの同じような症状を改善することはなかったはずだ。向精神薬が登場する前は、多くのイヌが長いあいだ苦痛を味わうか安楽死させられてきた。そうした状況を改善したのだから、適切な薬の使用は有用と言えるだろう。獣医学の文献には、このイヌの心（脳の化学的性質）と行動を変化させる薬のもつ効果が記録されている。そのなかから、向精神薬の例とその効果をいくつか挙げてみよう。

フルオキセチンは強迫性障害に効果があり、むやみに舐める、歩き回る、自分の尾を追いかける、自傷するといった行動を抑えることができる。パーキンソン病治療薬のセレギリン塩酸塩は、認知機能不全症候群に対して処方される。これは、見当識障害〔時間や方向感覚などが失われること〕や不安などの症状をともなう老犬に見られる疾患だ。アミトリプチリン塩酸塩は、潜在的な不安と結びついた支配性の攻撃をするイヌに効果がある。塩酸ブスピロンとクロミプラミン塩酸塩は、恐怖と関連した攻撃をするイヌに効果があることが証明されている。

感情に関連する疾患に苦しむイヌでもっともよく見られるのは、分離不安である。もし、行動修正法を行なったり、ほかのイヌと一緒に飼ったり、隠れ家として蓋のない箱を与えたりしても効果のない場合は、上記の薬のほかにイミプラミン塩酸塩やアルプラゾラムを与えることで感情面の苦痛や症状を和らげることができる。

しかし、退屈や孤独に苦しむイヌや、家をめちゃめちゃにするイヌに薬を与えるのは、倫理的に問題があるとわたしは思う。できるだけイヌの基本的な欲求を満たし、環境をイヌに合わせて変えていくほうが、イヌに合わない生活に適応できるようにイヌの脳の化学的な性質を変えるより優先されるべきだ。薬のなかには有害な副作用のリスクがあるものもあるため、イヌに薬を与えてケージに入ることに慣れさせ、仕事に出ているあいだじゅう絶対に閉じ込めてはいけない。イヌを薬物中毒のゾンビにしてはならない（もちろんどんな動物でもそうだ）。

イヌの行動面や感情面で見られる問題の原因はたいてい複雑で、それには遺伝的な要因、基本的な気質、幼少期の飼われ方や経験、身近な環境や家族関係における最近の要因などが絡んでいる。こうした問題のすべてを薬で解決しようとしてはいけない。そのため獣医は、向精神薬を処方する前に、まずは行動修正法を使うようにしっかりと教育されている。好ましい行動に対して褒美を与える報酬訓練や、脱感作、環境を変える、家庭のなかでのイヌと人間との関係を評価するといったことを行なうのだ。

向精神薬を使用する場合は、慎重に様子を見ながら個別に用量を調節するのが適切だろう（これにしても、カウンセリングや行動修正法が効かなかったときの最後の手段と考えるべきだ）。薬を飲んでいたイヌも、徐々に薬を減らしていっても問題のない場合が多く、その過程で、行動面での問題を引き起こしていた状況や刺激とうまく折り合いをつけていくことを学ぶようだ。

向精神薬による副作用には依存性や肝機能低下や奇異反応〔薬物療法のさい意図したものと反対の作用が出ること〕などがあるが、もっとも重い副作用は、はっきりとはわかりずらい影響があとに残るということだろう（そのため、わたしは過剰な投与にならないよう注意している）。人では、こうした薬の影響が報告されており、それには、たとえば見当識障害や、精神的な脆さや不安、あるいはうつの悪化、疲労感、食欲の喪失、睡眠パターンの乱れなどがある。

行動に影響のあるほかの因子には、ふだんの食物がある。食餌を変えることでも問題を解決できる可能性があるのだ。人間の場合だが、免疫系といった基礎的な生理機能だけでなく、行動や感情、認知（学習）能力にも食習慣が大きな影響を与えていることが、栄養学者らによって明らかにされている。

タフツ大学獣医学部カミングス校の獣医チームが行なった最近の研究では、縄張り性の攻撃を示すイヌにトリプトファン（一食につき一〇mg／kgを一日二回）を補った低タンパク質の食餌を与えると、攻撃行動が少なくなることが示された。また、支配性の攻撃をするイヌにトリプトファンを補った低タンパク質の食餌または高タンパク質の食餌を与えると、トリプトファンを補わなかった高タンパク質の食餌を与えた場合に比べて攻撃性が抑えられた。しかしこうした食餌は、過活動を示すイヌにははっきりとした効果が見られなかった。

4 動物の愛情と愛着

刷り込み《インプリンティング》と依存

動物における感情的なつながり（社会的愛着）の発達について、これまで数多くの研究がなされてきた。そうした研究のおかげで、動物と人間とのあいだの社会的・感情的なかかわり合いをより深く理解できるようになり、共感にもとづいてそれらを評価できるようになっている。

鳥類や哺乳類のなかの、生まれたときから比較的成熟している種のほとんどで、刷り込み《インプリンティング》という現象が見られる。そうした動物は、初めから歩行能力や、嗅覚や視覚、聴覚が十分に発達していて、生まれる（孵化する）とすぐに両親に反応し、数時間のうちに愛着をもつようになる。親のにおいや外見（形や色）、鳴き声など種によって異なる刺激や、これらを組み合わせたものが合図となって刷り込みが起こる。

ヒヨコや子ガモの場合、母鳥の動きや姿、鳴き声が引き金となり、ひなが母鳥を追いかけ、愛着をもつようになる。いったん刷り込みが起こり愛着が形成されると、ひなはほかの母鳥の鳴き声は無視し、自分の母鳥の鳴き声だけに反応するようになる。そして、これと同じことが母親にも起こる。生まれたときから十分に成熟している哺乳類、たとえばヒツジやブタやヤギなどは母親のにおいに反応する。カリブーやヒツジの子の場合は、母親の鳴き声に反応して刷り込みが起こり、生後数時間のうちにその他大勢と母親とを区別するようになる。

　母親にも、ほとんどの種で、自分の子どもに特有の鳴き声やにおい（またはその両方）によって刷り込みが起こる。そのため、ウマやヤギの雌は自分の子ども以外に授乳しようとしない。しかし、ほかの雌の子どもに授乳させるようにもできる――雌自身やその雌の子どもの体のにおいをつけた湿らせた布で、ほかの雌の子を拭いてやるのだ。同じような理由で、羊飼いは死んでしまった子ヒツジの皮を剥ぎ、親のいない子ヒツジにくくりつける。すると、その子ヒツジは死んだ子ヒツジの母親に受け入れられる。

　刷り込みは速やかに確立し、長いあいだ持続する。しかし、子どもが性成熟する時期にこうした愛着が壊れることもある。それでも、このいちばん初めの社会的な刷り込みが、のちに仲間やつがい相手を選ぶさいの好みに大きな影響を与える。

　人間や異なる種の生きものに育てられた早成性の動物（生まれてすぐ立ち上がる動物）は、自分の親への刷り込みが起きる前であれば、里親である人やちがう種の動物に愛着をもつようになる。たとえば、子ジカは哺乳瓶で育てられると、すぐに人に愛着をもつ。こうした刷り込み効果は、人の手で育てられた動物を野生に戻そうとするさいにあだとなってしまう。人間に対する愛着が刷り込まれると、動物は人間を同類とみなすようになり、これはまず消し去ることができない。なかにはこうした愛着が、離乳するときや性成熟するときに消える種もあるが、大人になってからも、人間の里親を気遣ったり依存したりして、子どもっぽくふるまうのがふつうだ。

人になついた動物には、ほかに二つの問題がある。一つは、そうした動物が成熟すると、性行動が人に向けられることがあるというものだ。それがもたらす混乱や衝突、苛立ちはご想像のとおりだと思う。もう一つの問題は、人に向けられる敵意だ。里親と近しい人に嫉妬し、里親を独占しようとする敵対関係が生まれる可能性や、人間やほかの動物の子どもとのあいだに争いが起こり、優位性をめぐってケンカや衝突が起こる可能性もある。こういう場面で人に向けられる行動は、その動物で同じような社会関係のなかで見られるものだ。

刷り込みに似た愛着は、さまざまな種類の動物でも観察されてきている。こうしたものには、特定の場所に対する愛着（人では定住という）や、特定の食べ物への愛着、鳥では特定の鳴き声や複雑なさえずりへの愛着などがある。

社会化

比較的未熟な状態で生まれるタイプの鳥や哺乳類でも、いままで述べてきた社会的な刷り込みと類似するものが見られる。このタイプの愛着は社会化と言い、数日から数週間と長い期間が必要となる。ムクドリやワシ、ウサギ、ネコ、イヌ、人間などがこのグループに属する。こうした種が人間によって育てられ社会化された場合でも、刷り込みの起こる動物で見られるのと同じ問題が生じる。

刷り込みと社会化には、ほかにもきわめて重要で影響の大きい特性がある。それは、愛着の形成には臨界期〔または感受期〕という、同じ種の動物や人と愛着を築くのに最適な期間があるということだ。たとえば、イヌの臨界期は六～一二週齢で、もし一二～一六週齢までに人と接触しないでいると、そのイヌは人とのあいだにきずなが十分に形成されず、よいペットにならない。こうしたイヌでは、人とのあいだに信頼関係がなく、訓練するのが難しい。

刷り込みと社会化は、愛情や忠誠心を強固にするものだ。これを理解することにより、わたしたちは動物たちと種の垣根を越え、本当の意味での豊かで親密な関係を築くことができるようになるのだ。

接触と愛情

著名な小児科医ルネ・スピッツは、孤児となった赤ちゃんの世話にかかわるようになった。彼は、孤児院の赤ちゃんのあいだで突発的な病気がたびたび発生することに気がついた。そうした孤児院では、思いやりに満ちた愛情ある世話はほとんど行なわれていなかったが、清潔なおむつやお風呂、規則正しい食事など、生きるのに必要な世話はすべてなされていた。それにもかかわらず、孤児院の赤ちゃんは健康に成長していない様子で、なかには消耗症になり衰弱する赤ちゃんもいた。

現代の商用動物の繁殖施設は、この孤児院と似た状況にある。母親から引き離されたサルやイヌやウシの子どもは、たくさんの食餌や温かい住居が与えられても健康に育たず、多くが病気に罹り死んでしまう。こうした現象の一部は動物の心と関連しているが、ようやく理解され始めたばかりである。

動物が仲間から触れられたり舐められたりグルーミングされたり舐められたりすると、心拍数が急激に減少する。あなたがイヌを撫でると、興奮状態でなければイヌの心拍数は減る。これは、副交感神経（自律的な内臓神経系）が活性化していることの現れだ。飼い主が触れることで、イヌの生理にこれほど大きな変化が引き起こされる。飼い主にときどき優しく撫でられるためだけに懸命に働く様子を見ると、これはイヌにとって喜びなのだろう。

副交感神経系が活性化すると、動物の赤ちゃんは安らぎ、消化液の分泌や消化管の働きが活発になって栄養の吸収がうながされる。そのため、母親と引き離されるか、やさしく愛情のある世話がなされないと、食物の消化がうまくいかずに体が弱り、赤ちゃんの生死にかかわる。母親の愛情が赤ちゃんの生理機能を調節している。どうやら赤ちゃんの成長には、食物や温かい寝床といった世話だけでなく、母親の愛情が欠かせないようなのである。

ルネ・スピッツがベビーベッドに隔離された孤児の赤ちゃんを頻繁に抱きしめるようにしてみたところ、健康状態も成長の速度もただちに改善した。

やさしく愛情のこもった世話が生理的に必要だという事実には、もう一つの重要な結果がともなう。それは愛着である。やさしく愛情を込めた世話は心地よく、子どもはそれを求めるようになり、愛着が生まれる。そして愛着が生まれると、母親や里親や世話をする人に感情的・心理的に頼るようになる。

愛着が形成される過程で刷り込みや社会化が起き、永続的なきずながつくられる。このきずなは成長してからも持続し、社会化したイヌがグルーミングや撫でられるのを喜ぶのもこのためだ。触れ合いをとおして、わたしたちは動物との種の垣根を越えた非言語コミュニケーションの深い部分を理解し共有することができる。

南アフリカ共和国の獣医、Ｊ・Ｓ・Ｊ・オーデンダールとＲ・Ａ・マインチェスは、イヌに触れたり

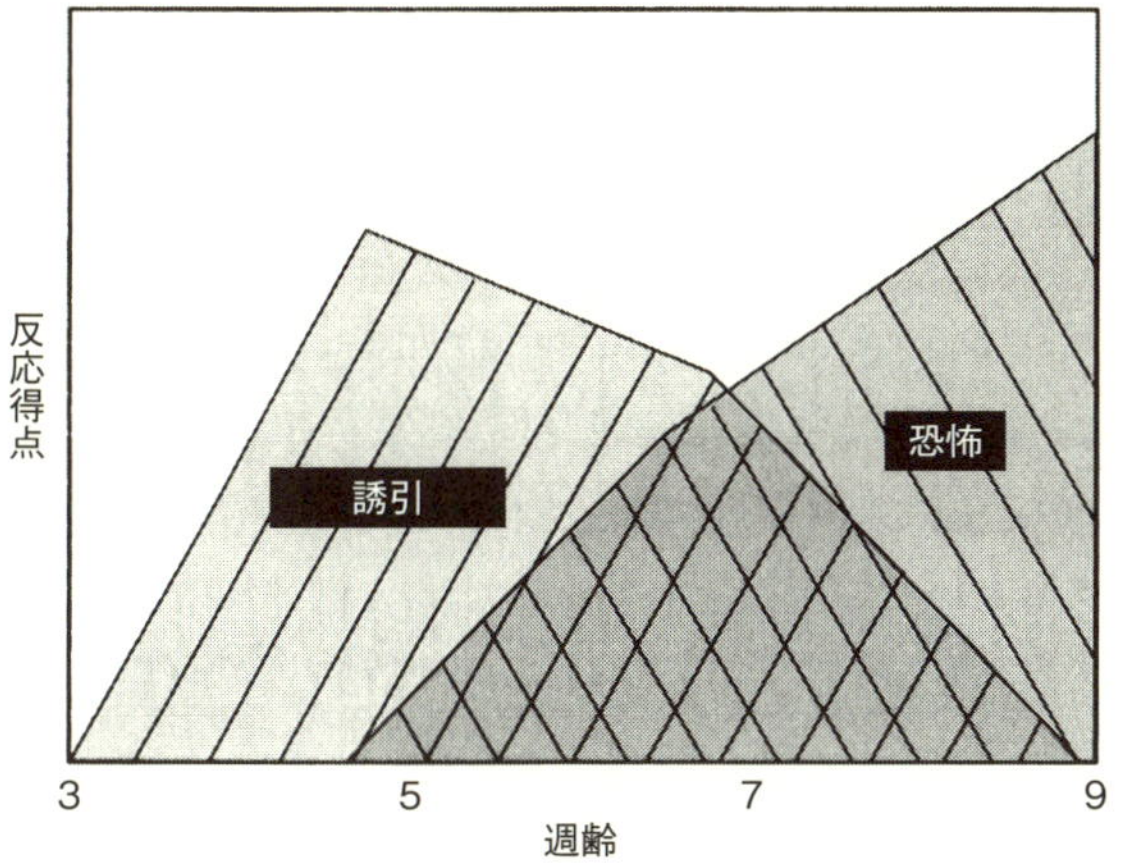

子イヌは、５週齢あたりで人間に対する関心が強くなるが、７～８週齢以前に人間との接触がない場合、人間に対する恐怖心が強くなる。

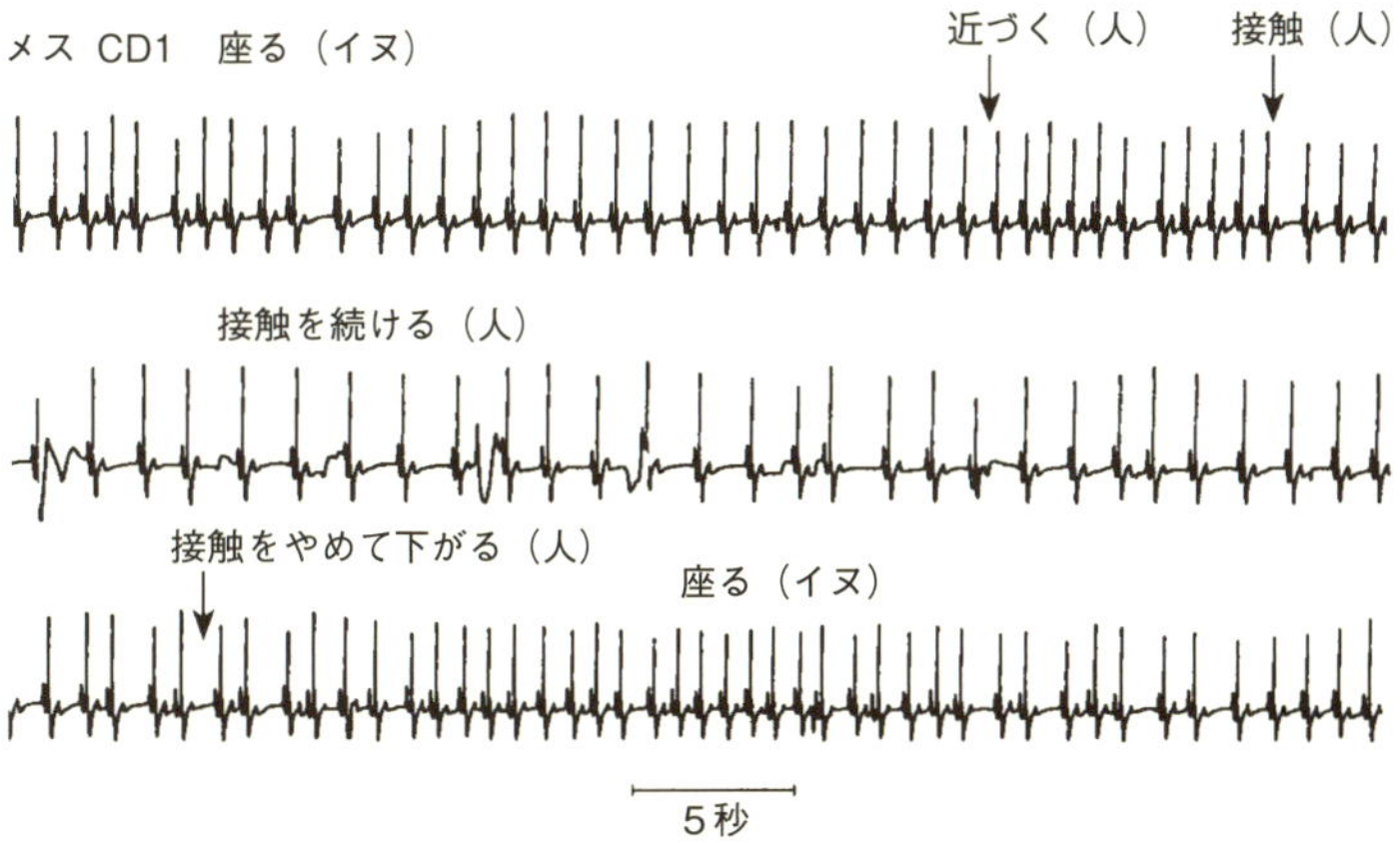

生体遠隔測定によるイヌの心拍数の記録。イヌが寝そべっている状態からスタートし、座った状態に移行する。人が近づくと心拍数は増し、撫でられると心拍数は劇的に減少するのがわかる。（イラスト Foxfiles）

イヌと穏やかに遊んだりすると、癒しの効果のある「気分をよくする」神経化学物質が人とイヌの両方で放出されることを示した。β《ベータ》エンドルフィンやプロラクチン、オキシトシン、ドーパミン、βフェニルエチルアミンの血中濃度が顕著に上昇していた（両者でちがいもあり、人でのみストレスホルモン濃度が低下した）。これらの神経化学物質は、きずなを育む強力な機能があるほか、喜びや免疫機能の改善とも関連している。この研究結果は、コンパニオン・アニマルが人にとって有用であることの証拠であると同時に、コンパニオン・アニマルにとっても人が役に立つことを示している。こうした関係を、わたしは「相互に高め合う共生」と呼んでいる。

またほかのさまざまな研究からは、次のようなことも明らかになっている。動物のいる環境で育った人は、そうでない人にくらべてアレルギーを発症することが少ない。動物を飼っている夫婦は、関係がより親密で結婚生活により満足していることが多い。イヌを飼っている人が心臓発作になった場合、イヌを飼っていない人よりも一年後の生存率が八倍高い。動物を飼っている人はそうでない人よりも、血圧が低く、中性脂肪の一つトリアシルグリセロールとコレステロールの値も低い。動物の入館が許可され、患者のまわりで植物が育てられている養護老人ホームの患者では、そうでない場合にくらべ、日常的に使用する薬の費用が半分だった。

目に見えない壁

野生動物に近づいても、ある一定の距離を保っていれば、動物は落ち着きを保ち、平然としている。

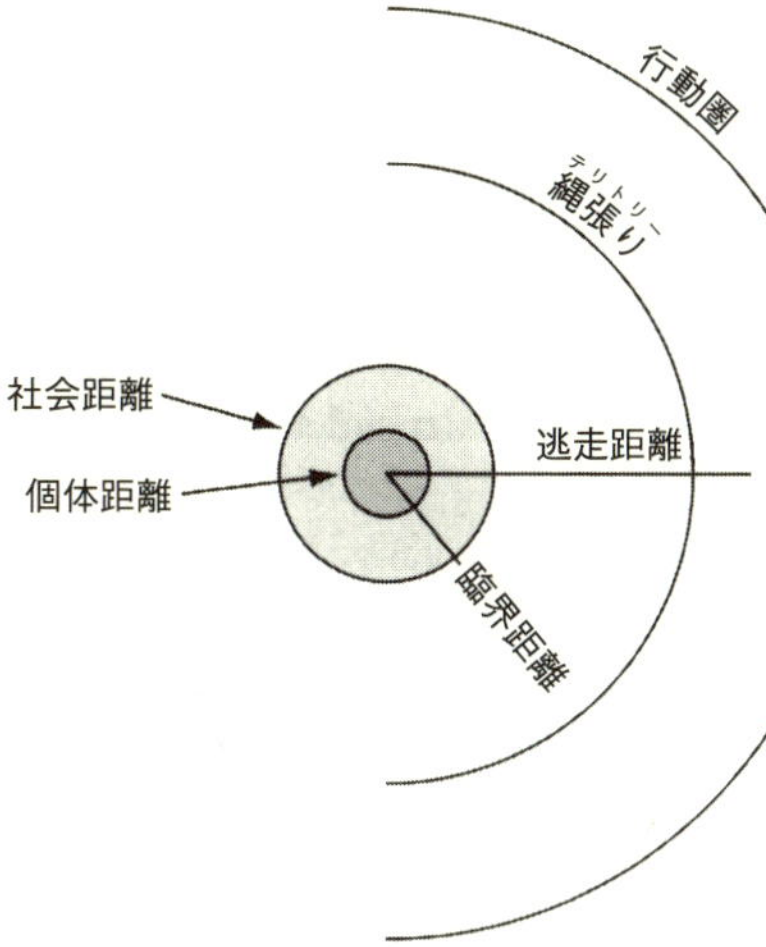

円の中心にイヌがいる。外側に縄張りと行動圏という概念的な領域がある。イヌとのあいだに信頼があれば社会距離に入ることができ、さらに個体距離に入ることができたら触ることができる。野生または野生化したイヌでは、逃走距離に入ると逃げ出してしまう。逃げられない場合に、さらに人が臨界距離へと入ると、イヌは動かなくなってしまうか、攻撃してくる。（イラスト Foxfiles）

しかし、もっと近づくと動物は逃げだす。それは、目に見えない境界を越え、その動物の逃走距離内に侵入したからだ。さらに接近するのと同時に動物の逃げ道を塞ぐと、動物は向き直って攻撃してくることもある。こうした行動は、彼らの臨界距離（攻撃行動を起こす領域）に入り、かなり接近したときに起こる。哺乳瓶で育てられ、人に社会化された野生動物は、こうした行動はとらなくなる。社会化されると、逃走距離と臨界距離内での反応が消えるためだ。

この領域に入る場合、特定のしきたりや儀式に従わなくてはならない。この点では、動物は人間に似ていると言えよう。なぜなら、わたしたちも互いに非常に接近しているときは特定の行動しかとれないからだ。たとえば、体のある一部には触れてもいいが、ほかの部分への接触は許されないか、親密な間柄の人だけが触れることができる、といった具合だ。

イヌやオオカミは、互いの関係を調べるために、相手のにおいがわかるところまで接近する（そして、肛門や口、生殖器を嗅ぐ)。しかし、個人的な空間へ入って行くと衝突の可能性が高まる。そのため、意図を伝えるディスプレイが発達した。たとえば、尾を振る服従のしぐさは友好的な意図を伝え、尾を立てて相手の目をじっと見るのは優位性を伝える。

話に伝わるアッシジの聖フランチェスコ〔イタリアの修道士〕のように、野生動物に恐怖を抱かせずに接近できるという驚くべき人々がいるようだ。彼らには、野生動物のほうから近づいてくるのかもしれない。彼らのどういう魅力が動物を引き寄せるのだろう？　こうしたたぐいまれな人からは特別な波動でも出ているのだろうか？　もっとふつうに見られるのは、調教されたライオンのような例だろう。ライオンは哺乳瓶で育てられると、調教師に愛着をもち信頼するようになる。その結果、調教師は、逃走や攻撃反応を引き起こさずに、ライオンの社会距離や個体距離を越えることができる。

イヌを赤ちゃんのときから育てると、社会化が起こり、イヌとのあいだに感情的な結びつきが生まれる。そのつながりによって、人はイヌと触れ合うことができ、イヌは愛情をもって人と接するようになる。こうした社会化をうながす接触がなければ、イヌは人に対して野生動物のような反応を示す。

しかし、動物が人間を怖がらなかったり、捕食される恐れがなかったりすると、わたしたちも聖フランチェスコのようになれる場合もある。ガラパゴス諸島に固有の動物の多くは、近づいて触れることができる。それに、ガラパゴス諸島の動物たちは、上陸した人を調べようと近くにやってくることがよくある。海鳥やアザラシ、フォークランドオオカミといった野生のイヌ科動物、絶滅した鳥のドードーなどの広大な生息地を発見した探検家たちは、こうした動物が恐れを示さないことに目を疑った。だが悲しいかな、ガラパゴス諸島の初期の来訪者たちによって、好奇心の強いフォークランドオオカミやドードーは殴り殺され、アザラシは殺され毛皮を剝がされた。いまも生き残っているアザラシの集団は、人を警戒し、海に逃げ込むことを学んだ。けれども、無力な子どもは置き去りにされ、血なまぐさい殺戮《さつりく》に無関心な人々がその毛皮を身につけている。

動物とわたしたちが、信頼と愛情を築くことができたらどんなにすばらしいだろう。人間は何千年ものあいだハンターであり続けてきた。この一点によって、人間を警戒するような動物が選択されてきたのだとわたしは思う。彼らは、人から逃げたがゆえに、生き延び、似たような性質の子を残せた。その一方で、好奇心が強く、友好的な性格の動物は殺されてきた。しかし、いまでは狩りをする人はきわめて少数なため、今後数百年のうちに多くの動物が再びわたしたちを信頼するようになるかもしれない。こうした人間に対する信頼は、狩猟が禁止されているアメリカやアフリカの保護区にいる野生動物に見られる。だからといって、ジープから降りてはならない。大型のネコ科動物はジープのなかの観光客に慣れているかもしれないが、車外が危険なことに変わりはない。

動物はわたしたちを映す鏡

理由は正確にはわからないけれど、イヌが感情や気質の面で飼い主に「似る」ことがしばしばあるのは事実である。これは、まったくの偶然かもしれないし、飼い主が無意識に自分とイヌを同一視して選んだ結果かもしれない。だがこれには、体の発達や社会化に関する要因が関係している。つまり、イヌがどのように育てられ、その結果、飼い主の感情や気質にどのような影響を受けたか、またどの程度、飼い主に感情面で依存しているか、といったことがかかわっているのである。

飼い主の怒りやうつから感情面に影響を受けたコンパニオン・アニマルを、わたしはこれまで見聞きしてきた。その影響で彼らは、怯えたり、攻撃的になったり、内向的になり元気をなくしたりした。人の感情に共感するイヌの能力が大きければ大きいほど、飼い主から受ける影響も大きくなる。また飼い主しだいで、イヌはひどく傷つけられもするし、非常に良い影響を受けることもある。

こうした人と動物の感情が似通う現象を、わたしは「共感による共鳴」と呼んでいる。つまり、ある生きものの感情の状態がほかの生きものに作用するのである。飼い主や人に感情的な愛着をもっているイヌを叱る人や、彼らと遊ぼうとしている人を見れば、それをはっきりと確かめられる。愛着がより深く、より緊密になるほど、イヌは敏感で傷つきやすくなる。

わたしたちの感情の状態によって動物に与える影響が左右されることを考えると、彼らとの結びつきがもつ二つの側面にもっと注意を払わなければならないだろう。

一つは、管理による結びつきである（研究室や畜産農場で見られるタイプのもの）。管理的な結びつきでは、動物に対する態度がポジティブ（育む、思いやりをもつ、寛容である、陽気である、理解する）ではなく、ネガティブ（蔑視する、支配する、無関心である、物として扱う）になりがちだ。そうなると、動物は苦しみ、精神を損なう可能性がある。

もう一つは、仲間関係による結びつきである（飼いイヌとのあいだに見られるタイプのもの）。こちらでは、感情的な搾取につながる危険性がある。たとえば、飼い主が極端にイヌを支配したため危害を与えてしまうのがこれにあてはまる。共感による共鳴は、有益にも有害にもなるのである（よく遊ぶ思いやりのある飼い主は有益に作用するが、うつで怒りっぽい人、偏執症で依存心の強い人や、情緒不安定な人に飼われている場合には有害な影響がある）。イヌの例では、拒否されていると感じたり、気持ちが沈んだり、怖がったり、つねに不安や精神的な浮き沈みがつきまとったりするかもしれない。あるいは、恐れから噛みつくようになったり、心因性の病気になったり、癲癇《てんかん》や心臓病から癌、大腸炎にいたるまでさまざまな病気に罹るかもしれない。これらは、飼い主が経験したことのある病気とまったく同じということもあるだろう。これら飼い主とイヌとのあいだに見られる相関は驚くには及ばない。というのも感情や気質は、生理機能や代謝、病気への抵抗性、器官（器官系）の病気の罹りやすさに影響を与えることがわかっているからだ。遺伝的要因や（栄養やアレルギーなどの）環境的要因もまた大きく影響するが、病気の原因を探るうえで、感情や他者との関係（ここでは人と動物との関係）が重要であることに変わりはない。

精神障害を抱える人や情緒が不安定な人に動物を「処方する」ときは、共感による共鳴という現象を考慮した特別な措置をとるべきだろう。なぜなら、彼らと交流することで動物もまた傷つき苦しむ可能性があるからだ。わたしは、彼らがコンパニオン・アニマルを飼うのを禁止すべきだと言っているわけではない（過激な動物解放運動家にはこうした考えの人がいるかもしれないが）。動物の権利や基本的な常識、倫理観を踏まえたうえで、わたしは、心理療法やペット介在療法で使われる動物はみな、動物の感情に対して敏感な感覚をもつ獣医の世話を受けるべきではないかと考えている。とくに理想的なのは、資格をもつ動物心理学者と行動療法士が一緒にこの世話に当たる場合だろう。これと同じように、ふつうの診療のさいにも、獣医は共感による共鳴のもつ重要性を臨床で十分に理解する必要がある。共感による共鳴によって悪い影響を受けやすい個体もいるだろうから、ペット介在療法に使われると異常をきたしかねない個体を選別する客観的な基準をつくったほうが賢明だと思われる。

わたしたちの感情や気質、気持ちは、人と動物とにかかわらず、他者の生理機能や行動、感情の状態、健康に確かに影響を与える。共感の重要な一面として、わたしたちがどのように他者に影響を与えているか、他者がわたしたちをどのように理解しているかを（共感による共鳴によって）知ることが挙げられる。これは、獣医学と畜産学で長いあいだ無視されてきたが、きちんと認識され注意深い研究が求められるきわめて重要な研究領域である。

次の章では、わたしの最愛にして特別な「教師」であり、動物行動の共同研究者とも呼ぶべき雌のオオカミ、タイニーと経験したことについて話をしたい。

5　オオカミに学ぶ

一九六七年、イヌの行動の発達に関する博士論文を仕上げたあと、わたしはオオカミとほかの野生のイヌ科動物の特徴についてもっと学び、家畜化がいかにイヌの行動に影響を与えたかを明らかにしようと心に決めた。この探究の旅路でタイニーというオオカミと出会えるとは、このときは想像だにしなかった。タイニーのおかげで、わたしはオオカミをまるで人のごとくよく知ることになったのだ。

セントルイスにあるワシントン大学に所属していたのは幸運だった。おかげで、たくさんのオオカミ愛好家と出会えたのだ。そして、大きな屋敷に数匹のオオカミを飼っていた野生生物画家の故ディック・グローセンハイダーと、セントルイス動物園の園長でテレビ番組「野生の王国」で有名だった故マーリン・パーキンスと知り合った。わたしたち三人は協力して、大学私有地にあるオザーク・ヒルズに野生イヌ科動物生存・研究センターを設立した。そこですぐに、わたしはイヌ科の野生動物の子どもを哺乳瓶で育て始めた。動物園で「余った」子どもや、親のいない野生動物の子どもを譲り受け、たくさんの種類のキツネやコヨーテ、オオカミを育てた。わたしは彼らの親代わりとなり、彼らはわたしのコミュニケーションの師となったのだった。彼らは、それぞれの種独自の鳴き声やポーズ、顔の表情を使って挨拶をし、取っ組み合いに誘ったり、恐れや愛情や服従の気持ちを表現したりした。

大学の野外施設にある木々に囲まれた区画で、わたしはルピーとルルというオオカミのつがいを飼育していた。けれど、彼らを観察し、オオカミの社会集団についてさらに考えを深めるには、少なくとも一匹は子どものオオカミが必要だった。かの「オオカミ・ネットワーク」を利用し、啓蒙活動と保護のためにたくさんのオオカミを農場で飼っていたウィスコンシン州の夫婦から、生後六日のオオカミの子どもを譲り受けることになった。それが「タイニー」だ。わたしは空港で小さな箱からタイニーを抱え上げた。タイニーはオオカミというより子グマのようだった。耳は小さく、目はまだ開いていない。すぐに哺乳瓶でミルクを飲むようになり、離乳するまでの四週間、わたしは昼も夜も授乳をすることになる。それが終わるころには、タイニーはすっかりたくましくなり、活発で好奇心が旺盛で、わたしの子どもたちに撫でられたり一緒に遊んだりするのが好きなおてんばに育った。しかし、オオカミはペットにはできない。タイニーは成長するにつれ、どんどんと敏捷で器用にふるまうようになったが、何よりも乱暴になった。ソファーのバネがきしむ音は彼女にとって「探索せよ」の意味であり、狩猟本能にしたがってソファーを破壊するのだった。届く範囲の物は何でも調べては噛み、石けんやおむつのようなにおいのする物があると、その上で転げ回る。彼女が所有していると考えた物はすべて彼女だけの物で、歯をむいて唸っては、所有権を尊重せよという明確な信号を送った。丈の高い棚や机の上に置けば安全だろうと考えていても、ほんの一跳びでそれらは彼女の牙の餌食となった。

青年期のあいだタイニーの野性は、なじみのない場所での警戒心や見知らぬ人に対する恐怖心という形で現れたが、攻撃性をあらわにすることは決してなかった。学習スピードは同じ年齢のどんなイヌと比べてもかなり速く、難なく戸口を開けたりケージの出入り口にある掛け金を外したりするので、ケージには南京錠をとり付けなければならなかった。また、ネコのようにケージの隅をよじ登るので、屋根も必要になった。

タイニーが六か月齢になったとき、オオカミのルルとルピーに会わせた。すると三匹は、長いあいだ音信不通だった友に会ったかのようにすぐに打ち解けた。ルルとルピーも、わたしが哺乳瓶で育てたオオカミだ。しかし、彼らが動物園で何世代にもわたり飼育されていたのに対し、タイニーは野生のオオカミからわずか一世代しか離れていない。彼女が属している亜種は、カナダ北部のマッケンジー川流域を起源とする。一歳になるまでに、彼女がルルとルピーとほかの二匹の若いオオカミからなる群れのリーダーになったのは、おそらくこうしたことが理由だったのだろう。

それから数年のあいだ、わたしはオオカミやほかのイヌ科動物の行動についてたくさんのことを学び、論文を書いた。けれども、ついに群れを解散すべきときがやってきた。「オオカミ・ネットワーク」をとおして、彼らの申し分のない行き先を見つけることができた。だがタイニーだけはちがった。群れのなかでいちばん人に慣れていなかったし、まだ若かったために引きとり手が見つからなかったのだ。結局、タイニーはわたしと暮らすことになり、動物シェルターから引きとったベンジーというすばらしいイヌと同居することになった。

裏庭に建てた屋根つきの囲いのなかで二匹を一緒にしたところ、初めの二四時間は、ベンジーは必死にタイニーと交尾しようとした。しかし、彼はあまりにも体が小さすぎた。ベンジーがマウンティングしようとするたびに、タイニーは体をずらして不思議そうに彼を見るだけでまったく動じなかった。

最盛期のタイニー（写真 M. W. Fox）

一〇年が経つうちに二匹は親友となり、わたしの人生にとっても、かけがえのない存在になった。タイニーとベンジーのおかげで、わたしはイヌ科動物の行動を深く理解し、オオカミとイヌの心や精神がこれ以上ないというくらいはっきり理解できるようになった。

わたしがタイニーから初めて何かを学んだのは、ある冬の日の凍った湖でのことだった。ベンジーが氷の上のカモを追いかけて、まだ凍りきっていない湖面の中央付近に向かったときだ。タイニーは大いに動揺し、うろうろと歩き回りクンクン鳴き始めた。タイニーは初めて迎えた冬以来、水たまりに張っ

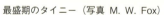

た氷に飛び乗って割っていたので、氷のことを知っていたし、わたしとタイニーは一緒にミズーリの川や湖で泳いだこともあったので、水についても熟知していた。ベンジーは、わたしの引き返せという声をいつものように無視し、そして然るべくしてそれは起こった——湖に落っこちたのだ。

かわいそうに、ベンジーはパニックになって、氷の上に登ろうともがくもののうまくいかず、ぐるぐると同じところを泳いでいた。このままではベンジーの体力はすぐに尽きてしまう。わたしは、まだ氷の張ってない遠くの岸のほうへ走りながら大声をあげ、ベンジーがそちらへ泳ぐようにうながした。だが、このわたしの行動は、ベンジーを混乱させるばかりだった。するとタイニーが駆けだし、凍っていない湖の岸辺にあっという間に着いて、そこでぴょんぴょんと飛び跳ね始めたのだ。ベンジーはその意味を理解し、タイニーのほうに向きを変えて泳いでいった。そして、冷たく疲れきった体を岸に引き上げ、タイニーにたっぷりと顔を舐めてもらったのだった。

これ以外でも、タイニーは洞察力と共感する心をはっきりと見せてくれた。それは、タイニーとわたしが川の深いところで泳いでいたときの話だ。ベンジーは一緒に泳ぐのを怖がっていたが、川の比較的浅いところは歩くことができたので対岸に渡った。しばらくして、彼はもといた岸に帰りたくなったけれども、浅瀬を見つけられず、クンクン鳴き、川岸を行ったり来たりし始めた。わたしと一緒に川のそばの木陰で休んでいたタイニーは、ベンジーをちらっと見ると彼から目を離さず川に飛び込み、そしてゆっくりと向きを変えて浅瀬のところまで泳いで見せた。明らかに、ベンジーに川を渡るべき場所を教えていた。ベンジーはうれしそうにひと吠えすると、水を飛び散らしてタイニーの後ろをついていった。

またある朝は、二匹の行動のあいだにある明らかなちがいを目の当たりにした。それは、家畜化によってベンジーの生得的な知恵がいかに鈍ってしまったかを示すものだった。その日、広々とした牧草地を走っていたわたしたちは、鼻を刺すクロムチヘビのにおいがすぐそばの丈の高い藪のなかから漂ってくることに気づいた。タイニーはすぐに動きを止め、慎重に円を描くようにして、においのする場所へと少しずつ近づいていった。ところがベンジーは、鼻を下に向けてヘビのいる方向へ一直線に進んでいき、その正体もわからぬまま、ヘビを踏みつけてしまった。もしそれが毒ヘビだったら、ベンジーはおそらく死んでいただろう。タイニーもヘビと出くわしたことはなかったが、彼女は明らかに警戒していた。これは、オオカミが生まれもつ知恵を印象的に見せてくれた例だった。さらに、そのヘビが地面をはって逃げ去ったあと、タイニーは、ヘビが日光浴をしていた場所を用心深く調べた。そして、まさしくオオカミのやり方で、草むらにダイブして転げ回り、首や肩にヘビのにおいをまとったのだった。

タイニーはとにかくベンジーを守ろうとしていた。ある日、ベンジーは公園でナイジャーという名前の大きなジャーマン・シェパードから一方的な攻撃を受けた。ナイジャーはあっという間にベンジーの喉をくわえて地面に押さえつけたので、わたしはタイニーのリードを離した。タイニーはひと跳ねすると、前脚でナイジャーを蹴り飛ばしてベンジーから引き離した。タイニーが牙をむいて獰猛な唸り声をあげ、ナイジャーをにらみつけると、ナイジャーは飛び跳ね、彼女の首筋に襲いかかった。タイニーは肩の向きを変えただけでそれをかわした。ナイジャーには、ベンジーの横を勢いよく駆け抜けるほかにできることはなかった。そしてもう一度、向きを変えてタイニーに襲いかかった。けれどタイニーは腰をすばやくそらして巧みにかわしたため、ナイジャーは藪に突っ込み転がった。彼は立ち上がり、歯をむいて唸ったが、タイニーは一歩も退こうとしない。尾を高く上げ、首まわりの毛を逆立てて、黄色の鋭い目でナイジャーをにらんだ。すると、ナイジャーは尾を下げて、クンクン鳴きながら飼い主のもとへと走り去っていったのだ。そのころわたしは、合気道を学んでいたが、タイニーのこの対応が力を入れずに攻撃者の力をそらせる技の典型であることがわかった。

タイニーが生きものに対してその強力な顎を使うのを、わたしは見たことがなかった。しかし、彼女は一度だけあえて牙を使ったことがある。そうすることで、わたしに学ばせようとしたのだ。あるとき、わたしはベンジーの行動で頭に血がのぼってしまった。大学の野外施設ではしゃぎ回り泥まみれになったベンジーが、車の助手席に三度目に飛び乗ったときだ。施設の通用門を開け閉めするのに車の乗降を繰り返さなければならなかったわたしは、苛立ちのあまりベンジーをタイニーのいる後部座席に荒々しく押し込んだ。そんな乱暴なやり方に対し、タイニーはわたしに向かって唸り声をあげた。家に帰ると、わたしはベンジーのところに行き、優しく体を撫でて謝り、ついでタイニーのところに行った。彼女はふたたび唸り声を上げ、頭をすばやくひねった。すると、彼女の上顎の牙がわたしの頬に当たり、一センチほどの傷ができた。これには反論の余地はない。わたしはタイニーにお仕置きされて当然だったのだ。

タイニーは、モラルへの感性と正義の感覚を明らかにもっていた。ある朝、散歩しているとき、タイニーが嫌いなイヌに突進したので、わたしは彼女を叱りつけた。すると、そのあと一週間以上にわたって、毎朝わたしに唸り声をあげるようになった。明らかにわたしの仕打ちに対して恨みを抱き、それを非難していた。

タイニーには楽しみがたくさんあった。子イヌや人間の赤ちゃんを舐めたりにおいを嗅いだりすること、シカの糞や死んだ魚の上で転げ回ること、雪のなかで跳ね回ること、海の波頭や水面に立つさざ波に噛みつくこと、広々とした牧草地を駆け抜けること、深い草むらやうっそうとした森林でわたしに忍び寄ったりかくれんぼをしたりすること、互いの顎と顎を使って「レスリング」をしたりすることだ。

また、オオカミは次のような儀式的な遊びを行なう——獰猛そうなふりをする、身の毛がよだつような恐ろしい唸り声とともに歯をちらりと覗かせてカチカチ鳴らす、長い犬歯で「フェンシング」をするといったことだ。タイニーとわたしはこの遊びに興じては、来客者を冷や冷やさせた。彼女の表情はなんとも恐ろしかった。わたしたちがよくやったのは、口を大きく開けて顔を振り、互いの歯と牙をぶつけ合わせ、相手の目をにらみつけ、表情はできるだけ残忍にするというものだった。

オオカミの言葉では、体をこわばらせてぎこちなく動いたり相手を見据えたりするのは、挑みかかろうとする意図の現れか、アルファ個体による優位性のディスプレイと受け止められる。タイニーがオオカミだと気づくと、人は恐怖のあまり体をこわばらせ彼女をじっと見つめたが、これが脅しではないことをタイニーが学ぶのには数年かかった。タイニーの体を撫でながら、このイヌはどんな犬種なのかと尋ねる人も何人かいた。だが、オオカミですよと答えると、彼らは素敵ですねと言って撫で続ける代わりに、急にあとずさりして体をこわばらせ、タイニーをじっと見つめた。この反応に、タイニーはとっさにたじろいでしまうのだった。それにもかかわらず、『赤ずきんちゃん』のような民話では、オオカミが人から恐れられて然るべき理由が、オオカミが人を恐れる理由よりもたくさん描かれている。オオカミに対する恐怖は、わたしたちの文化に深く根ざしているのだ。

若いころのタイニーにとって、講堂で大勢の人に見つめられるのは強烈な体験で、とても耐えられるものではなかった。タイニーは、家畜化がもたらした影響を示す生き証人だった――こうした感受性や恐怖心を家畜化がいかにとり去ってきたか、家畜化がいかにイヌの神経を鈍感にし、より気質が安定し従順で（知能面ではなく精神面で）反応の遅い生きものにしてきたのかが、タイニーを見ればわかった。

タイニーはたいていのイヌと仲良くやった。雌より大型の雄に好意的に接することが多かった。去勢された雄に対しては、困惑とまではいかないものの、態度を決めかねている様子だった。彼女は、いきなり走り寄って遊ぼうとする成犬を嫌がった（それとは対照的に、同じことをする子イヌは嫌がらなかった）。大人のイヌが彼女の個人空間に入るには、オオカミの作法に従わなければならない。つまり、ゆっくりと彼女に近づき、視線をいったん合わせてからそらす（視線をそらすのは、服従か防衛の信号だ）。そして、この友好的な挨拶のあいだは、尾を低く下げて左右に振らなければならない。タイニーは、ほぼ例外なくスピッツのようなタイプのイヌを嫌った。なぜなら、そのタイプのイヌの尾はつねに上を向いていて、背中のほうへカールしているが、この尾の位置はオオカミのコミュニケーションでは威嚇か優位性のディスプレイにあたるからだ。このタイプのイヌが興奮したときに見せるピンと立った耳や、シュナウザーやドーベルマン・ピンシャーの断耳された耳にも同じことが言える――こうした耳を、タイニーは挑発の信号と解釈していたにちがいない。こうしたイヌは、タイニーに近づくとき耳を立てていたが、オオカミのコミュニケーションでは、これは優位または攻撃の意思を示す信号だ。オオカミの正しい作法では、耳を後方に引いて、友好的な服従の信号を出さなければならない。そうすればタイニーはそれに報いてくれる。

タイニーは、オールド・イングリッシュ・シープドッグのようなイヌの行動をうまく解釈できなかった。そういうタイプのイヌは、尾がなく、顔が毛で覆われていて目や顔の表情を見ることができないからだ。オオカミもイヌと同様に、はっきりとした服従の笑いを示す。これはディスプレイの一種で、唇を水平に後方へ引くことで敵意がないことや友好的な意思を示す。また、オオカミとイヌとでは、口を開けた状態で唇を水平に後方へ引き、遊びに誘うディスプレイ（プレイ・フェイス）も共通している。タイニーは、とくに「オオカミのような」雄のジャーマン・シェパードやマラミュート、ボディーランゲージが似ている雑種のイヌを好んだ。ゴールデン・レトリーバーのような、わたしが「終生子イヌ」と呼ぶタイプのイヌは、成犬になっても、遊び好きな子イヌのような行動をし、合図ひとつで服従の伏せをする。しかし、こうしたタイプのイヌが相手だったら、（そして、わたしがリードで拘束しなければ）タイニーがちらりと見せるオオカミの反応に、飼い主は恐怖を感じることになっただろう。タイニーは、相手の鼻づらや頭、喉、肩に噛みついて、地面に押さえつけただろう。若いオオカミは、アルファ・オオカミにこうした反応を引き出させようとする。これは、リーダーや代理親への信頼や忠誠、敬意を表す複雑なディスプレイだ。オオカミには、群れをまとめるための複雑なディスプレイが、優位や服従を示すものよりもたくさんあるのである。

わたしは、タイニーの優しさやユーモアの感覚に、彼女のもつすばらしい知性や意識を見いだしていた。そのため、わたしはタイニーをオオカミとしてではなく、オオカミの姿をしたよき仲間としてとらえるようになった。タイニーが九歳のとき、彼女の豊かで変化に富むディスプレイに、まったく新しい種類のものが加わった。それは、ニッコリと笑う表情だ。オオカミは、イヌやコヨーテ、キツネと同様に、唇を水平に後方へ引き、友好的な挨拶や服従の意図を示す。これは人間やほかの霊長類でもそうだ。

息子のマイクがタイニーに挨拶をしている。息子もオオカミも友好的な笑いのディスプレイをしている。（写真 M. W. Fox）

しかしわたしは、オオカミが人のように前歯を見せて笑顔をつくり、友好的な挨拶をするのを見たことがない。タイニーはこのしぐさをわたしに対してするようになったのだ。それも、このしぐさの意味を理解したうえで、わたしの表情をまねていたのは明らかだった。イヌも学習により同じことをするが、何千年ものあいだ人に飼われたあとであることを考えると驚くにはあたらないだろう。しかし、オオカミならどうだろう？　しかも、人と親しくなってたかだか数年しか経っていないオオカミなのだ。

オオカミは、イヌとはまったくちがった動きをする。オオカミは音を立てず滑らかに動き、ダンスをし、跳ぶことだってできる。オオカミは流れるように軽快に動く。オオカミやコヨーテのもつ驚異的な機動性や俊敏性について、太極拳の指導者のツォンリャン・アル・ファンに話したことがある。そのさい、ほとんどのイヌがこうした特性を失っていると言ったところ、彼は「だいたいのイヌが人に似ていて、成果に執着するところがあります」と返した。けれど、よく考えてみると、往々にしてオオカミも少なからず成果にこだわる。初めて見る広々とした川や真新しいシカの足跡に好奇心が刺激され興奮しているオオカミを抑えようとしたことのある調教師なら、これに同意してくれるだろう。それでもイヌとは異なり、オオカミは冷静さを維持して、森から突然見知らぬ人が出てこないか、草むらからヘビが現れないかなど、つねに危険への警戒を怠らない。

タイニーはとても目端が利き、その様子にわたしはときに戸惑い、ときに畏敬の念を抱いた。彼女は、人が何をどのように感じているのかを、本能的にいくらか察知できた。おそらく、ボディーランゲージを読むことで、非言語の視覚情報のもつ意味を汲みとれるからだろう。そういうわけで、彼女はすばらしい動物行動学者であり、成長してからは非凡な心理学者、精神分析者だった。タイニーは、遠くからでも、その人物が友好的かどうか、怖がっているか、無関心なのか、気づいていないのか、怒っているのか、精神的に不安定なのか、酔っぱらって乱暴なのかをボディーランゲージで見分けられた。そして気に入れば、その人物または周囲から漂ってくるにおいを嗅いで念入りに品定めすることもよくあった。タイニーは、足が悪かったり片腕を失うなど身体的な困難をかかえた人の行動をいつも怖がった。また、変わった帽子にも怯えることがよくあった。ハロウィーンのかぶり物でタイニーを驚かせたときなどは、わたしがかぶり物をとると、腹を見せる服従の姿勢になり、わたしがかがんで鼻をすりつけると、彼女はわたしの顔に向かって排尿した。

ニューメキシコ州のタオス・プエブロで、建物のあいだの陰からインディアンの毛布をまとった腰の曲がった人影が突然現れたとき、タイニーは完全に怯えてしまった。それはわたしも同じだった。その人物は、ほかの通行人の進路を妨げるかどうかを確認しなかった。わたしと同様に、タイニーは、黙って急に動くこの自己中心的な人物を避けねばならないと感じたようだ（もしかすると、その人物は他人には姿が見えないと考えているシャーマンだったのかもしれない）。その直後、ブルージーンズにブーツ、黒い山高帽にパイロット風サングラスという身なりの、背の高いネイティブ・アメリカンがそばを通り、タイニーは警戒態勢になった――しかし、まだ先ほどのシャーマンから受けた衝撃から完全に立ち直ってはいなかった。わたしは、タイニーが怯えてしまうと考え、リードをしっかりと握ったが、彼女は完全に落ち着いていた。タイニーはサングラスや制服、山高帽、背筋を伸ばして歩く人を嫌っていたから、彼女がなぜ落ち着いていられたのか、わたしにはよくわからなかった。けれどそれ以来、タイニーは見知らぬ人にうまく対応できるようになったようだ。

長年にわたって、わたしはテレビのトークショーに動物と一緒に出演してきた。ときには、タイニーを連れて行くこともあった。タイニーは若いころ、「ザ・レジス・フィルビン・ショー」のセットを危うく破壊しそうになった。カメラのレンズが一瞬タイニーをとらえ、急にレンズの絞りが開いて近づいてくるのを目にしたからだ。これ以降、タイニーをテレビの収録に連れて行くことはほとんどなくなった。わたしたちは二人とも、慣れ親しんだ土地の野外での撮影のほうが好きだった。そういう機会をとらえて、わたしはオオカミの保護や生息地の回復にもっと力を入れる必要があると話をしたものだった。初めて生放送のカメラの前に立ったときは、わたしもタイニーの感じたような気持ちを抱いた（パニックに駆られてセットを破壊しそうになることは断じてなかったが）。それは「ザ・ディック・キャベット・ショー」に出演したときのことで、わたしはバセット・ハウンドをかわいそうなことに危うく禿頭にするところだった。緊張のあまり、番組のあいだじゅうバセット・ハウンドの耳のあいだを撫でていたのだ。動物行動の授業をとっていた三人の学生が、(苦々しいことに)わたしが出演した番組を録りためていて、録画したテープを見せてくれたので、自分の行動を理解することができた。その後、この行動を、不安や葛藤が高まっている状態を示す転位行動の一例として授業で使用するようにした。

タイニーの気分が乗っていて、しかも周囲の状況が許せば、彼女はこっそりと家のなかに侵入した。彼女は家に入るといつも浴室に直行し、においのする石けんや化粧品など手の届く物なら何でもとり出し、浴槽に入れたり浴室の床にまき散らしたりして、そこで転がり、首や頬、肩にそのにおいをつけた(雑誌についている香水のサンプルは大のお気に入りだ)。彼女をケージから出し、高いフェンスで囲った裏庭でベンジーと一緒に自由に走り回れるようにしておくと、ときどき地下室への入り口と勝手口を調べて家のなかに忍び込んだ。浴室か寝室で見つかることが多く、体には何かのにおいをまとい、柔らかいキルト生地の上に伸びきっている様子は、まるで家の主《あるじ》のようだった。

休暇でニューメキシコに滞在していたとき、タイニーは人間を信用できなくなるような経験をした。それは、信頼とはおよそ正反対の経験だった。なんとタイニーは撃たれたのだ。わたしは二匹のイヌを連れてきた友人と一緒に滞在していて、タイニーも友人のイヌと楽しく過ごしていた。夜になると二匹のイヌは外に出てぶらぶら歩き回るのが好きで、ある晩、タイニーは首輪を自分で外して二匹のイヌと行動をともにした。翌朝、イヌたちは戻ってきたけれど、タイニーはその後、三日間姿を消したままだった。わたしたちは、昼夜関係なく名前を呼びながらタイニーを探したが、ついに諦めなければならないときがきた。そして、涙ながらに出発の荷造りをしていると、タイニーが体を引きずりながら庭に戻ってきた。腰には大きな穴が二つ開いていた。子どもたちが駆け寄り抱きしめると、タイニーは玄関階段のそばに崩れ落ちた。体を調べてみると、銃弾はお尻の筋肉の部分だけを貫通し、骨や大きな血管には当たっていないのがわかり、それには胸をなでおろした。傷口をオキシドールと抗生物質できれいにしなければならなかったが、タイニーは見るからに激しい痛みを感じているうえに疲れ切ってもいた。わたしがこの非常に辛い手当を施しているあいだ、タイニーは静かに横たわり、わたしのほうを見ていた。タイニーはわたしを完全に信頼してくれていたので、拘束具も口輪も必要なかった。子どもたちの慰める声とやさしく撫でる手の感触だけで、彼女は傷口の縫合を乗り切った。

いまは故人となってしまったが、わたしにはかつてジョン・ハリスという知人がいて、ときどき彼のトラックに乗って北米にすむオオカミの苦境を児童に教える教育プログラムの旅に出た。わたしは、彼の飼っていたジェスロとクルムのように、タイニーも教育プログラムについて行けるようなオオカミになってほしいと考えていた。彼女の場合、十歳くらいになってやっと、聴衆に耐えられるようになった。オオカミを戦利品やウシを殺す動物とみなしているのでなければ、緊張感をみなぎらせたタイニーが登場すると、あらゆる年齢の人々の心に畏敬の念が静かに湧き起こった。

ジョン・ハリスと初めて旅に出たとき、わたしはニューヨークにある探検家クラブでオオカミについて講演した。その施設には、探検家の勲章としてハンターに殺されたありとあらゆる野生動物がいまだに展示されている。わたしはそこでサックス奏者のポール・ウィンターに会った。彼とは最近、コンサートでディジェリドゥー〔オーストラリア先住民の木管楽器〕の演奏を一緒に楽しんだ。また、彼がオオカミやほかの動物や、自然にある物で音楽を制作していることも知った。わたしは、ポールから日本の尺八という楽器をもらい、六か月のあいだ練習してタイニーに聞かせてみた。最初の音を出すまでタイニーは、尺八の竹のにおいを嗅いで先端に噛みついていたが、音が出ると、首を傾げて尺八に見入ったあとでわたしのほうをじっと見つめた。そして、わたしから離れ、半円を描くように動いてから、顔を上げて吠えた。しかもわたしが出した音と同じ音程で。彼女が特定の音程を好むということがわかり、尺八でその音が出せるようになると、彼女の好きな音程をよく吹いた。すると、タイニーはそのさらにオクターブ上の高音で吠え、歌姫のように歌った。

これは、わたしたちの夕方の習慣となった。ある日の午後遅く、友人のオペラ歌手がわが家に立ち寄り、タイニーの歌声を聴いていった。彼はタイニーの音楽の微妙な感性に感心した様子ではなかったが、タイニーはチベットの僧侶のように和音を出して（同時に二つの音を出して）いて、しかもわたしの出す音とも和音となるようにしていると教えてくれた。このハーモニーを聞いた人に、ベン・コヨーテという名のワイラキ族（アメリカ先住民族）の友人がいる。タイニーは正体のわからない人間がいるときは絶対に歌おうとしなかった。コヨーテは、タイニーと初めて会ったとき、薬袋に入れていたハーブを自分の前に散らした。これはいい方法だった。わたしがマツやセージのにおいを感じたころには、タイニーはすでに彼を好きになっていた。ベン・コヨーテは、わたしとタイニーの音楽は「ミタクエ・オヤシン（わたしたちはみなつながっている）」と言っているようだと感想を残した。

この音楽はタイニーからの贈り物だった。それは、野生の魂からの贈り物であり、わたしたちはみなつながっていて心では一つであることを生きながらに示すタイニーからの贈り物だった。彼女が亡くなってからは、わたしの夢のなかに現れることが生前よりも多くなったような気がする。彼女がいない

イスに座っている老齢のタイニー。上の写真はわたしに笑いかけているところで、中央は歯を見せる人間の笑いをまねている。下はケンカごっこで見せるモンスターのような表情。(写真 M. W. Fox)

のがとても哀しかったからだろう。もしかしたら、草葉の陰からわたしと交信していたのかもしれない。

わたしたちはみなつながっていて心では一つであると、すべての人が感じたなら、そしてそう感じるだけでなくそれが真実だと知ることができたなら、この世界はいまとはずいぶんとちがった場所になっていただろう。娯楽でオオカミを撃ったり、スチール製の罠で捕まえて皮をはいだり、その毛皮を着たり、オオカミの子を毒殺したりするような世界とどんなにちがっていたことだろう。

タイニーは嘘つきを見抜く名人でもあった。この場合の嘘つきとは、動物が好きなふりをしたり、動物のことを理解しているふりをしたり、動物のありのままを尊重しているふりをする人たちのことだ。じっさいの彼らは、問題があるとまではいかなくても、心に決定的に足りないものがあり、ありのままの自分を解放できず、そのため人から信用されることもなく、人に共感し、人を気遣うこともできないのである。タイニーに会いに来た者の一人に、メディアを賑わせる霊能者がいた。その人物はタイニーの服従の挨拶を誤解し、タイニーが群れのなかでもっとも弱くていじめられていると「言った」とわたしに伝えた。別の訪問者は、世界的に有名なオオカミ研究の権威でとおっている人物だったが、同じようなまちがいをした。わたしが以前に受けもっていたインドの学生を歓迎するささやかな会を開いたさい、タイニーは庭を自由に走り回って、挨拶をしてくれる人全員に挨拶を返していた。だが、その科学者はタイニーを物であるかのように見ていた。そして、タイニーはそれとまったく同じやり方でその科学者と接した――完全に無視したのである。オオカミにしたことは、自分に跳ね返ってくるのである。

6 動物との真のコミュニケーション

人が愛情を表に出すと――大切にしているすべてのものの幸福を願い、愛情のこもった気遣いをもって思いやりのある行動を起こすと――、良いこと、さらにはもっとすばらしいことが起こり始める。これは、アニマル・コミュニケーターやアニマル・ヒーラーなら以前からずっと知っていたことだ。

だが最近、獣医学の訓練をほとんど受けない者が、アニマル・コミュニケーターやアニマル・ヒーラーとしてサービスを提供するようになってきている。わたしはこの風潮を、科学的な視点からかなりの不安を抱きながら、関心をもって見てきた。

アニマル・コミュニケーターとアニマル・ヒーラー――嘘か、驚異の能力か？

イヌやネコなどの飼い主を対象に、いろいろな本が出版され、数え切れないほどの講習会が開催されている。彼らは、自分の愛するペットとうまく意思疎通ができればと願っている。獣医のなかには、アニマル・コミュニケーターやアニマル・ヒーラーといわれる専門家の能力に太鼓判を押す人もいるが、はたしてこれは事実なのだろうか？　はたまた、まったくのデタラメなのだろうか？

良心的な人、さらには有能で感性の豊かな人までもが、他人を指導してアニマル・コミュニケーターにさせることができると主張するが、これにはどうしても理解に苦しむ。わたしは、動物の思考は人の言葉に置き換えられないと思っている。というのも、心の言葉は直感や共感の領域にあるからである。けれども、このような人が使う言葉は、専門用語のように聞こえても、疑似科学のデタラメなものであることがあまりに多い。それらは、根拠のない主張や見込みにもとづいているのである。コミュニケーターが、自分に生じた感情や思考、欲求が対象の動物によってもたらされただとか、それらを「チャネリング〔常識的な手段ではやりとりできないようなものとコミュニケーションをとること〕」で動物に戻しているなどと考え、それらがあたかも馬の口やイヌの魂からすべて発せられたかのようにふるまうなら、そこには心理学の用語で言う、投影〔自分のなかに生じた感情や衝動を他者ももっていると考えること〕や逆転移〔分析者が対象に感情を転移すること〕、摂取〔対象の感情や思考などを自己に同化すること〕の危険がある。そしてコミュニケーターには、新刊書や動画、特許化や商標登録された技術や製品の販促といった、金銭的な要素も入り込むことがある。

動物と言葉を介さずに意思疎通ができることに、なんら神秘的・オカルト的な側面はない。また、疑り深い怖がりな向きのために言うと、悪魔憑きなどでは決してない。人間は動物であり、わたしたちが人類になった大昔からこの方ずっと、ほかの動物とコミュニケートしてきたのだ。わたしたちの遠い祖先は、共感する能力――他者の気持ちを推察し、意図を予想し、要望を理解する能力――を発達させた。

動物との意思疎通やチャネリング、千里眼、ヒーリング。これらはすべて錯覚や夢想なのではないかと訝る人がいるかもしれない。疑い深いことは、信仰心がほとんどない人の仲間入りをするということなのだろうか？　そうした可能性に心を閉ざしてしまえば、とくに合理主義のせいで、心や人生も永遠に閉ざされたままになる。そしておそらく、ひどく失望するような人生の危機を迎えてしまう。子どものように世界に対して心を開いていたかつての自分をとり戻さなければ、心はいつまでも閉ざされたままだ。

生きているものであれ死んでいるものであれ、動物と会話する能力があるとことさら主張する人間を、わたしは信用しない。なぜなら、生きている動物と人とが意思疎通できることに、なんの不思議もないと考えるからだ。人間は、わたしが「共感圏」と呼ぶものを介して、動物とのコミュニケーションをとってきた。共感圏とは、仲間を感じることのできる領域のことで、言語が誕生する前から存在し、合理的な経験論や論理的思考を超えるものだ。

イヌに超能力や超感覚能力があるというわけではない。イヌは、単に生きものとしての特性や意識を体現しているだけだ。そして意識は、自然に備わったきわめて生存に有利なもので、多くの種が共有している。この考えについては、自著の『フォックス博士のスーパードッグの育て方』〔北垣憲仁訳、白揚社〕で重点的に述べているが、本書でものちほど詳しく見ていく。しかし、わたしたち現代人は、この共感による効果的なコミュニケーション能力をほとんどなくしてしまったようだ。その能力が失われていない人もいるが、彼らのなかには、悦びに満ちた心の交流を経験する人がいる一方で、動物や自然、人生と切り離されたほかの人間のせいで精神的苦痛に苦しむ人もいる。

危害を加えない

動物がいわゆるスピリチュアルな目的のために搾取されることに、わたしは大きな懸念を抱いている。たとえば、ウソの宗教行為のために野生動物を取引するといったことや、エコツーリズムで自然や先住民と心を豊かにする霊的交流を勧めるといったたぐいのことで、これらは社会経済や環境、文化の面から見ても有害である。「地獄への道は善意によって敷き詰められている」ということわざどおり、わたしたちが自分の行動や動機、価値観を顧みて直視しない限り、善意が不幸な結果に終わってしまうだろう。

わたしたちは超能力がなくても、動物がひどい扱いや苦痛を受ければ、それがわかるし、動物が安心や喜びを味わっていれば、そうと感じられる。動物の大虐殺や地球の置かれた苦境に、わたしたちはもっと効果的に対応するすべを見つけなければならない。人類の非道な行ないがもたらした結果の重大さや複雑さに――わたしたちの文化に浸透している物質主義や産業主義や大量消費に――打ちのめされ、無気力になっているわけにはいかない。この地球を共有する生物と無生物のすべてに等しく配慮しない限り、わたしたちの繁栄はない――そうでなければ、人も動物も決して幸福になれず、ますます苦しむことになり、動物のほとんどは絶滅することになる。

なにより、人以外のコミュニティとの関係のなかから、人間であることの意味を定義しなおす必要がある。そして、そのコミュニティの特性やよさ、価値に気づかねばならない。それらが人生に倫理をもたらし、わたしたちを人以外のすべてと一体にしてくれるのである。

　このあとの章では、動物の行動や意識のさらに深い部分を探っていく。そのなかで、イヌだけでなく、ネコやほかの動物にも触れる。これが可能なのは、単に多くの動物が近縁関係にあり、同じ家に暮らしているからではなく、オオカミのタイニーがそうだったように、一つの動物種の精神や心に対する洞察から、ほかの種の本質——彼らの深い心理や心——に光を当てることができるからである。

7 どのように動物は嘆き、深い悲しみを表現するのか

スコットランドのエジンバラに美しいブロンズ像がある。ボビーという名の小さなケアン・テリアを愛してやまない市民が、彼をしのんで建てたものだ。ボビーを知っている人はみな彼を敬愛していた。それというのも、一八五三年にボビーの愛する飼い主が亡くなり、グレイフライアーズ・カークヤードの小さな墓地に埋葬されると、ボビーは飼い主の墓のそばで横になり、ひとり墓の番をするようになったからだ。彫像に掲げられた真鍮製の板には、ボビーは死ぬ一八七二年までのおよそ一九年間も忠誠を捧げ、飼い主の墓の番をしたと書かれている。

日本でも東京の地下鉄の駅を出たところに、飼い主を待ち続けたイヌの像が建てられている。夕方に仕事から帰ってくる飼い主を毎日この駅で待っていたため、このイヌは地元の人たちによく知られていた。そして、飼い主が亡くなっても数年のあいだ、夕方になると愛する飼い主を駅で待ち続け、一緒に家に帰ろうとしていた。

洋の東西を問わずあらゆる人々がイヌの記念碑を建てたという事実から、わたしたち人間に関することと、イヌのもつすばらしい一面とが見えてくる。あらゆる文化や時代で、人はイヌのもつ忠誠や献身、

無償の愛、無私といった美徳に気がついていた。こうした資質は、人間では聖人だけにあるものだと考える人もいる。というのも、現代社会では、それがきわめて稀にしか見受けられないためだ。だが、それはおそらくちがっている。わたしたちが動物の助けを得て、より完全な人間になろうとする限り、そうした資質をもつことも稀ではなくなる——飼育下にある動物の幸福は、人間が思いやりのある種として進化したことを映し出している。オーストラリアの先住民アボリジニの言葉によると、「ディンゴ（イヌ）が、わたしたちを人間たらしめている」のだ。

デンマークからキプロスにかけて分布する石器時代の墓地遺跡で、イヌやネコを抱えるように体を丸めた遺体が、考古学者によって発見されている。先史時代から、明らかにコンパニオン・アニマルは人類にとって重要で、その心や精神に備わった能力、その存在や先見性は崇拝の対象だった。

動物が悲嘆するのを見た人たち

ここからは、長年にわたって受けとった手紙や直接聞いた体験談のなかから例を挙げ、コンパニオン・アニマルが、一緒に暮らしていた人や動物など最愛のものが死んだことに対しどのように反応するかを詳しく紹介しよう。

最愛のものを亡くすと、人であれ動物であれ、まずは深い悲しみが表現されるのがふつうだ。たとえば動物は、悲しみだとはっきりわかるような声を発する。一方で、なかには初めは反応を示さない動物もいる。しかし、彼らもしばらくするとあたりを探し始め、気を張り不安な様子になり、さらには物思いにふける――最愛のものが戻ってくるのを期待しているかのように、ドアや窓のそばにじっと座る。

マサチューセッツ州のスプリングフィールドに住むナンシー・ファルゾーニ・カーディナルの手紙には、こう書かれていた。「わたしたちはスペックルというネコを飼っていました。彼女が六歳のとき、一緒に飼っていたウィスキーという名の一〇歳になるテリアが亡くなったんです。彼らは本当に仲良しでした。ウィスキーが亡くなってから数週間、スペックルはそれこそ毎日、家のなかを探し回りました。部屋という部屋を歩き回り、あたりを見回してはあらゆる物陰を調べていました。そして、そのあいだじゅうずっと鳴きわめいていたのです。それでわたしと夫は、居間に置いていたリクライニングチェアをほかにやることにしました。というのも、ウィスキーは最後の一か月をそのイスで過ごしていたため、スペックルはイスに付いたにおいでウィスキーを思い出して彼を探しているように思えたからです。そうすると、スペックルは探すのをぱったりとやめましたが、その代わり午後遅くになると毎日、玄関から数十センチのあたりをうろうろしたり、横になったりして過ごすようになりました。しかも、午後一〇時ころまでニャーニャーと鳴くのです。まるまる四か月のあいだ、彼女は〝兄弟〟のウィスキーが長いながい旅路の末に、玄関階段を登って帰ってくると信じて待ち続けていたのです。その行動はある日ぴたっと治まり、スペックルはそれから八年間生きました。その後、シーズーのランディがわが家の一員となると、スペックルは彼には優しく接していましたが、ウィスキーに対するほどの愛情をもつことはありませんでした」

ワシントンDCに住むカースティン・ウェスフォールからの手紙は次のようだった。「わたしは、スパルタとトロイという二匹のシャムを飼っていました。トロイは、子ネコのときから数年にわたって肝臓の病気と闘い、スパルタより先に亡くなってしまいました。彼の死後、スパルタは地下室に行き、苦しそうな声で鳴くようになったのです。スパルタはこれを日に数回、一か月のあいだ繰り返し、その様子にわたしの胸は張り裂けそうでした。こんな鳴き声はあとにも先にも聞いたことはありません。でも、スパルタが亡くなった兄弟を悼んでいるのはすぐにわかりました。わたしはつねづね、ペットも悲しむことがあると信じてきました。そして、わたしは確かにその場面を目撃したのです」

メリーランド州ハリウッドに在住のD・Kは、プリンセスとシェップという二匹のジャーマン・シェパードを飼っていた。「シェップより一歳上のプリンセスが先に死にました。それにシェップは打ちのめされてしまい、暗いガレージで日に何度も、想像しうるなかでももっとも悲しげな声でうめいていました。それで、すぐにわたしたちはほかの雌の成犬を飼うことにしたのですが、シェップの悲しみは癒えませんでした。シェップが深い悲しみを乗り越えるのに数か月かかりました」

動物はときに、ほかのものの死期を悟り、その動物に特別に気を遣っているようにふるまうことがある。オーヴィルが死ぬ最後の数日間、彼を安心させようとしていたキシーズがまさにそうだった。「わたしは、イエローのラブラドール・レトリーバーを飼っていました。オーヴィルという名のそのイヌはかなりの高齢で、日ましに弱っていきました。オーヴィルが死ぬわずか数週間前に、キシーズという一歳半のチョコレート色のラブラドール・レトリーバーも引きとっていたのですが、オーヴィルが高齢だったこともあり、二匹はほとんど打ち解けることはありませんでした。キシーズは、ガチョウのぬいぐるみをいつもくわえて運んでいて、寝るときは毎晩そのぬいぐるみに頭をのせて寝ました……キシーズにとってそれは明らかに心地よく安心できるものだったのです」

「ある晩のこと。キシーズは自分の大切なガチョウのぬいぐるみをくわえると、オーヴィルの頭のそばに置きました。そして、オーヴィルが亡くなるまでの三日間、キシーズは彼のそばに来ては、ぬいぐるみのにおいを嗅いだり、彼のほうに押しやったりしました。けれど、決してオーヴィルのところからぬいぐるみを運び去ることはしませんでした。そしてぬいぐるみは、オーヴィルの息が絶えるまで、彼の頭の近くにあったのです。オーヴィルが埋葬されたあとになってようやく、キシーズはぬいぐるみをもっていきました」

悲しみがあまりに大きすぎると、動物はすっかり混乱し、無謀な行動に出ることさえある。バージニア州アレキサンドリアに住むサブリーナ・キャンベルのネコ、ブーブーがそうだ。彼は、家族の最高齢のネコが死んだとき、自分のしっぽを噛みちぎったのだ。また、バージニア州のマクレーンに住むジーン・バーデルのネコは、彼女の夫が急死した直後から攻撃的になった。「頻繁に物陰から襲いかかっては爪を立てて、わたしにケガをさせるようになったんです。夫が亡くなって以来、来客のあるたびに、この子は興奮した様子であたりを歩き回り、ゲストに近寄って彼らの関心を引こうとしました。わたしへの態度はしだいに和らいでいき、愛情さえも示してくれるようになりました。今日、むかし何度も目にした光景をふたたび目撃しました。この子が、クローゼットのなかの夫が着ていた服の下に座って、それを見上げていたのです。これは、この子が原始的なやり方で夫のことを思い出し、彼の帰りを待ち望んでいたんだろうと思います」。わたしは、これはそんなに原始的な行動ではないと思う——そして、わたしならその服をはずして片づけるようにする！

かつてキツネやコヨーテやオオカミといった野生のイヌ科動物の行動を研究していた日々のことが頭

をよぎる。ある朝、わたしは美しい小さな若いキツネが柵のなかで死んでいるのを見つけた。彼女の亡骸《なきがら》のまわりには、つがいの雄ギツネが山と積み上げた食物とさまざまなオモチャがあった（つまり、雄がそうしているあいだ、雌はまだ生きていた）。わたしが柵のなかに入ろうとすると、彼は威嚇して、明らかに彼女を守ろうとした。この経験からわたしは、ハンターや罠を仕掛ける人、野生動物を殺す人々が殺さなかった動物にも苦痛を与えていることについて考えを巡らせるようになった。つがい相手や親、群れのリーダー、愛する子どもたちの死を、どれほど多くの動物が嘆き悲しんだことか。

東アフリカの野生動物管理官たちは、ゾウが悲嘆する様子を何度も目にしてきた（ゾウは人やイヌなどと同じように、耐えがたい精神的な苦痛に襲われるとじっさいに泣くのだ）。これは、管理官らが野生動物保護管理指針の一環として、間引きの手続きにしたがい、群れのなかのゾウを銃殺したさいに目撃されている。いまでは管理官は群れの全個体を殺し、生き残って苦しむことがないようにしている。または、群れ全体――母親や父親、子ども、祖父母、叔父、叔母、従兄弟など、親族間の親密な結びつきでまとまった群れ全体――をほかの地域に移し、過密状態を解消させる（だが、これには象牙の密猟という問題がつきまとう）。この二つの選択肢は、多くの野生動物公園の管理におけるジレンマとなっている。ゾウは、傷ついたり死にそうな仲間を守ったり、死んだ仲間を埋葬するか藪のなかに隠したり、死んだ仲間の骨に出会うと優しく触れたりするのが観察されている。

ときには、愛するものの死に対する悲しみがあまりに強すぎて、絶望により命を落としてしまう動物もいる。ミネソタ州ムーアヘッドに住む夫妻が飼っていたピートとフローリーという馬の話である。「二頭は生涯連れ添い、一緒に〝引退〟したのです。ある朝、夫がふだんどおり仕事をしていると、納屋のそばにいるフローリーの様子がおかしいのに気づきました。フローリーはよろよろとして、次の瞬間にはばったりと倒れ、死んでしまいました。ピートは彼女のもとに歩み寄ると、しばらくのあいだ固まっていたのですが、やがて牧場のなかを歩き回り、またフローリーのもとに戻ってきました。そこで、ふたたび動きを止め、前脚をフローリーの体にかけて、そばに崩れ落ちると、彼も死んだのです。その出来事から、わたしたちは、動物たちの感受性がどれほど鋭いか、そして動物が彼らなりのやり方で本当に悲嘆しているのだと知りました。この手紙を書いているあいだも、二頭のことを思い出して涙が止まりません」

テキサス州アーリントンに住むジューン・ベイカーも、父親のイヌで同じような経験をした。「わたしたち家族は、父の入院していた病院に交代で泊まっていました。わたしたちが病院から戻ると、父が飼っていた小さな茶色の雑種犬がいつも出迎えては、それまで父と一緒だったことを知っているかのように、隅々までわたしたちのにおいを嗅ぎました。父が亡くなり、家族全員が葬儀に参列して帰ってくると、父のイヌはわたしたち全員のところに来て、みんなのにおいを嗅いだあと、外に出たいと訴えました。外に出たきり戻ってくる様子がなかったので、何人かで探しに出かけました。すると、父のイヌが外の茂みのなかで死んでいるのが発見されたのです。外傷はありませんでしたし、生きているあいだは健康そのものでした。獣医にこの奇妙な出来事について相談してみると、飼い主が死ぬとペットは悲しみが原因で脳出血になってしまうことがときどきあると教えてくれました」

このイヌの死因は、おそらく血管迷走神経失神というものだろう。迷走神経は自律神経系の一部で、これが刺激されると心拍数が減少し、ときには心停止を引き起こす。人でもよく見られ、精神的なショックを受けたときに気絶するのはこのためだ。つまり、心拍数が低下するか一時的に心臓が止まったために血圧が降下し、その結果、失神する（脳出血とは正反対の反応）。そのさい、ジューンの父親のイヌは、心臓が停止し、死に至った――まさに傷心が原因だったのだ。

フロリダ州マイアミのドラシア・ラスキーの家で飼われていたコリーは、ドラシアの父親が入院していた数週間、ふさぎこみ、家から出なくなった。「最初は、病気かなと思いました。けれど獣医に診せても、問題となるようなものは何も見つかりませんでした。それなのに、父がこの世を去る前の晩、あの子は死んでしまったのです。それで、あの子が父のことを気に病んでいたのだとわかったのです」

ほかの動物も愛する人の死が原因で苦しむことがあり、その様子からは落胆しているのがはっきりとわかる。バージニア州のバージニアビーチに住むドリス・アデンブロックが飼っている雄のカナリアは、ドリスのご主人が亡くなってからというもの、さえずるのをやめてしまったという。ドリスによると、そのカナリアは一八か月のあいだ鳴いていない。「男性が家に入ってくるか、天気のよい日にベランダに出すと、彼はピーピー鳴きます。わたしは、録音したカナリアのさえずりを聞かせて、彼に語りかけています。あの子が歌声をなくしてしまうなんて悲しすぎます」

わたしの友人で、エマニュエル・バーンスタインというニューヨーク州アディロンダックに住む心理学者が、ガートルードという名前の金魚の話を教えてくれた。その金魚のところにピエールというインコが毎日やって来ては、金魚鉢を突っついていた。ピエールに慣れていたガートルードは、それに応えて尾を小刻みに振ったり、金魚鉢のまわりを移動するピエールについて泳いだりした。ピエールが死んでしまうと、ガートルードは見るからに落ち込んだ様子で、金魚鉢のピエールが動き回っていた方向へは顔を向けなくなり、ほかの動物との新しい関係が生まれるまでの数週間それは続いたという。

お通夜──遺体を見せる

数年前、わたしは隣に住む女性が三匹のイヌを連れて散歩しているところに出会った。そのとき、彼女は泣いていた。聞くと、もう一匹のイヌが家で死んだばかりで、その年老いたイヌを失ったことを悲しんでいるだけでなく、ほかの三匹がこのことをどのように受け止めているのか心配していた。その三匹は二階に寝かされている死んだイヌをまだ見ていなかった。そこでわたしは、彼らも区切りをつけなければならないのだから、家に帰ったら死んだイヌを見せてあげるようにとアドバイスした。もし、彼らがその死んだイヌをいっさい見ないままだったら、この老犬がどこに行ってしまったのか不思議に思い、彼が帰ってくるのを心配して待ち続けることになるかもしれない。数日後に再会したとき、彼女は次のように言った。「先生、あれはお通夜のようなものなんですね。わたしたちが死者にお別れを言うのと同じなんだわ。わたしがあの子たちを部屋に呼ぶと、彼らはゆっくりと、毛布の上の亡くなった子のほうへと歩いていって、体じゅうをくまなく嗅いでいました。そして、ゆっくりと静かに離れて、去っていったんです。おかげで、彼らは今回の別れをそれほど悲しまずにすんだみたいだし、彼の死を理解できていると思います」

ニュージャージー州テナフライのノーマ・ネルソンは、次のような手紙をくれた。「飼っていたネコの一匹が亡くなったとき、わたしはその遺体を埋葬用の箱に入れて、一緒に飼っていたもう一匹のネコが見られるようにしました。彼はその箱のそばで二〇分間たたずんでから、ゆっくりと歩いていきました。それ以後、あの子は元気です。死者を葬る前には、動物も〝棺〟のなかの友を弔《とむら》わなければならないのでしょう。それはわたしたちと同じなのです」

ミシガン州ブルームフィールドヒルズに住むジャニス・ストーンマンのビション・フリーゼは、食物をまったく食べずに、仲のよかったウサギを探して家のいたるところを調べていた。しかし、そのウサギはすでに死んでいた。地面が凍っていて墓を掘ることができなかったため、飼い主はその遺体を車庫に置いていた。彼女は、そのイヌにウサギの遺体を見せてあげたら苦痛が和らぐのではないかと友人に言われ、そうすることにした。その後のことを彼女は次のように記している。「わたしたちは、イヌを車庫に入れて、ウサギの遺体を見せました。彼女はまったく動かずに立ちつくしていました。尾も動かさず、鳴き声も発しません。悲しみの表情を浮かべて一度だけわたしのほうに顔を向けると、すぐにウサギに注意を戻しました。そのまま一〇分ほどが経ったあと、彼女は家のなかに戻っていきました。その後の数日間は、空になったケージをいつものように見たりしていましたが、ウサギが死んだのを自分に言い聞かせるかのように、そこから立ち去っていくのです。彼女はもう死んだウサギを探さなくなり、ふたたび食欲をとり戻しました」

フロリダ州プンタ・ゴーダのジーン・スタイルズは、不治の病に罹り自宅で最期を迎えることに決めた夫についての感動的な話を手紙にしたためた。「わたしたち夫婦は、二人ともミニチュア・プードルのミッツィ（すでに他界）に愛されていました。ですが、ミッツィと夫とのあいだに結ばれたきずなは特別強いものでした。夫が亡くなるまでのあいだ、わたしはお昼休みに彼の様子を見に大急ぎで家に帰っていました。帰ってみるとミッツィはいつも、夫のイスのすぐそばに陣どっていて、それは小さな看護師さんを思わせました。仕事が終わって帰宅したときも、昼とまったく同じような様子でした。ミッツィは夫のそばに座り、注意深く彼をじっと見つめていました」

「ある日、夫がまだ会話できたころ、彼はわたしに次のように言いました――『自分が死んだとき、ミッツィが悲嘆し死んでしまうようなことになってほしくない。だからそうならないように、そのときが来たら、自分が死んだのを皆に知らせる前にミッツィを自分のそばに連れてこさせ、彼女自身に状況を確認させてくれ』。夫はわたしにそう約束させました。彼はとても賢い人でしたが、そのときはこのようなやり方にどれほどの効果があるのか、まだ半信半疑でした。最期の日の朝、夫が呼吸をしていないことを確かめたあと、わたしはそれを知らせる電話をかける前に、ミッツィを彼のそばに連れていきました。彼女は数分間、彼を見ると、ゆっくりと身をかがめて夫のベッドのそばの床に横になりました」

「ミッツィは、わたしたちがそれぞれいつ家に帰ってくるのかを正確に知っていて、窓際のソファーの背に座り、夫の車が止まるのを待っていたものです。わたしは、夫の亡きあともミッツィが彼を待ち続けるのではないかと心配していました。けれども驚いたことに、彼女は何もかも理解していたようで、かつてのように夫の帰宅を待つことはありませんでした。その一方でミッツィは、わたしの帰りは以前と同じように待ち続けてくれました。……彼女がいま夫とともにいて、二人はわたしが来るのを待っていると感じずにはいられません」

ミネソタ州ミネアポリスのジーン・ミルナーも似たような経験をしている。彼女の夫が癌のために自宅で息を引きとろうとしていたとき、夫妻の飼っていたイヌのハイニーは、死の数時間前からベッドの上で夫のそばからどうしても離れようとしなかった。「ハイニーは、夫の肩にすり寄って首やこけた頬を舐め、彼のすぐ隣にしゃがみ込みました。こんなことはこれまでしたことがありません。夫が天国へ旅立つまで、彼女はそこに体を横たえていました。夫の呼吸が止まると、ハイニーは起き上がって彼の足もとに移動し、そこで横になりました。ハイニーとわたしたちのあいだには、感情的なつながり――おそらく精神的なつながり――があるのです。この崇高な出来事を経験することができ、わたしは誇らしい気持ちです」

二〇〇四年、バーナビーという雄ウシのニュースが世界中に流れた。バーナビーは、ドイツのレーデンタールにある村の農場から逃げて、そこから一キロ以上も離れた共同墓地にたどり着いた。その墓地では、農場主のアルフレート・グルーエンマイヤーが埋葬されたところだった。どうやら彼は、家畜をペットのように扱っていた風変わりな人だったようで、家のなかでも家畜を自由に走らせていた。バーナビーは塀を飛び越えまでしてその墓地に入ると、追い出そうとする努力もむなしく、二日間どうしてもそこから離れようとしなかったという。

次は、ミシガン州のリンカーンパークに住むキャロル・ロスからの手紙だ。父親が亡くなり埋葬したあと、父親のイヌのラスティを墓地に連れていったときのことをこう書いている。「ラスティは父の墓へと、まるでウサギのようにまっしぐらに走りました。これは驚くべき能力なのでしょうか？　それとも、もともとイヌに備わっている感覚なのでしょうか？」

動物は、まちがいなくある程度、死を理解する。動物が愛情を抱いていた生きものが死を迎えたとき、

息を引きとった盲導犬のクインシー。庭に寝かせたので、彼の「群れ」の仲間は埋葬前にクインシーに会うことができた。（写真 M. W. Fox）

彼らにその亡骸《なきがら》を見せるというのは大切なことだ。わたしの実体験からもそれは請け合いだ。しかし、埋葬は見せるべきではないだろう。わたしは、タンザというイヌでそのまちがいを犯してしまった。わたしの義理の兄弟であるデイヴィッドの盲導犬クインシーが高齢で働けなくなったあと、わたしと妻は彼を引きとり一年ほど飼っていた。子犬のタンザはクインシーを尊敬していた。我慢強く遊び相手をしてくれ、気持ちを和ませてくれたからだ。わたしは、タンザにクインシーが埋葬されるのを見せてしまった。わたしがクインシーを埋葬しているのを見て、タンザは鋭い声で鳴き、必死になって地面を掘り返して彼を穴から引き出そうとした。言うまでもなく、わたしは自分の無神経さに気落ちしてしまった。埋葬する場面を見せるというのは度が過ぎていた。クインシーを安楽死させたとき（これはタンザにもほかのイヌにも見せていない）、タンザは三〇分ほどクインシーのそばから離れなかったのだ。わたしは、クインシーを埋葬する前に、タンザをその場から離しておきさえすればよかったのだ。

動物は、愛するものの死を悲しむだけではない。なかには、少し前に登場したハイニーのように、愛するものの死がはっきりとわかる動物もいる。そして、ときに動物はその死を予期することもある。

ニューヨーク州スケネクタディから寄せられた手紙に出てくるブーというネコの話だ。ジャクリーン・ローゼンバウムの夫は、肺癌のために死期が迫っていた。ジャクリーンは言う。「夫が息を引きとる二、三日前、八歳のスコティッシュ・フォールドのブーは、夫のベッドのサイドテーブルの端に座ったまま、これまで聞いたことのない恐ろしげな鳴き声を発したのです（激痛を感じたときのような鳴き声でした）。そのとき、夫の体が機能を停止しようとしていることをわたしはわかっていましたが、ブーもまちがいなくそれを感じとったのだと思います……最近、ブー（とわたし）がこの悲しみを乗り越えられるよう、子ネコを飼い始めました。ブーも彼と一緒に遊ぶ日が来ると思います。それで事態が好転するとうれしいのですが」

このブーの予知――まさに起きつつある死を予見する能力――は、わたしたちを動物の心の奥深くへといざなう。次の章で詳しく見ていくように、動物は、たとえ最期に居合わせなくても、愛するものがこの世を去ったそのとき、どういうわけかそれを感じとることができる。これはつまり、動物には「超能力」があるということなのだろうか？　それは、次章を読んだうえでみなさんに判断していただきたい。

8 「超能力」と共感圏

科学が探求する動物界の謎や、動物の行動からあらわになる謎を知るにつれ、生命がもつ生まれながらの知恵や複雑さに、ますます畏敬の念を感じるようになる。動物が示す能力のなかには、いまなお科学者を当惑させ、わたしたちを説明不可能な領域や霊的ですらある領域へといざなうものがある。その一つが、感応追跡だ。

感応追跡は、帰巣本能とはまったく異なる。それらは表面上よく似ていて、どちらも長いあいだ「超能力」によるものと考えられていた。帰巣本能とは、(伝書鳩のように) 故意に放たれたり、(家族と休暇中に車外に抜け出したネコやイヌのように) 行方知れずになったりしたあとでも、家に帰ることができる動物の能力だ。かつては超能力によるものと考えられていたが、科学者によって、さまざまな動物が太陽や月や星の位置や、地球の地磁気を、時計やコンパスのように利用することが示され、帰巣本能の謎は解き明かされつつある。

イヌもほかの動物も、電磁場や地磁気に敏感で、体内に方位を知るためのコンパスがある。また、現在地と太陽の位置との関係から時間感覚を生む体内時計ももっている。鳥やネコ、人の脳の前頭部には

（おそらくイヌやほかの動物の脳も）塩化鉄が蓄積していて、それが磁気コンパスのように働くことで、生得的な方向感覚が生まれる。この方向感覚は、建物の構造や向きや、電気機器が原因で混乱してしまうかもしれない。たとえば、電場や金属の構造物に囲まれて長期間室内にいたり、南北ではなく東西の向きで寝たりすると影響が出るかもしれない。動物はまた、約二四時間周期の体内時計をもち、それを太陽の位置（時刻）によって細かく調整できる。わたしが思うに、おそらく体内時計とコンパスによる方向感覚とがうまく働き合って、動物は自分の現在地を時間と空間のなかで認識できるのだろう。

いくつかの生きものでは、この時間と空間の情報は個体間でやりとりされる。たとえば、ミツバチは精巧なダンスをして、特定の蜜のありかまでの距離と方向を仲間のハチに伝える。科学者たちは、まずミツバチが太陽の位置を認識していることを発見し、その後、重力を敏感に察知していることを発見した。ミツバチにも、鳥や人のように神経系に鉄分の蓄積が見られる。

「超能力」の現れ

イヌやほかのイヌ科動物は、地震や津波がやって来るのを察知できる。彼らは、気圧や空気のイオン化の変化を捉えるのかもしれないし、振動や近くにいる動物の反応をわたしたちよりも敏感に感じとるのかもしれない。

イヌはにおいを頼りに、膀胱癌やメラノーマ〔皮膚の悪性腫瘍〕などのいろいろな癌を発見することさえある。さらに、心臓発作や起こりつつあるてんかんの発作を予知したり、病気を見つけたりもする。

例として、フロリダ州デイビーに住むキャンディー・キリアンが教えてくれた、ダッチェスという牧羊犬の雑種の話を紹介しよう。キャンディーの父親と、彼に飼われていたダッチェスとは強いきずなで結ばれていた。「そのとき父は五五歳で、これといって大きな健康問題はありませんでした。金曜日の夕方になると、わたしは毎週父のもとを訪ねていました。その年の春、ダッチェスには変わった癖が見られるようになりました。彼女は父の膝に上がって彼の胸に前脚を載せ、まっすぐに父の目を見つめるのです。わたしたちはみな、それをかわいい癖だと軽く受け流しました。長くなるので結論を言うと、ある夜、父は寝ているあいだにそのまま亡くなりました。ダッチェスは脚を父の胸に置き、彼のそばに横になって、どうしても動こうとしません。本当に力ずくで引き離さねばなりませんでした。死因は慢性肺疾患でしたが、わたしたちのだれもそれに気づきませんでした。ただ、ダッチェスだけはそうではなかったようです」

ダッチェスの予知の話は、超能力をもち出さずとも、イヌが他者の行動を鋭く観察していることから説明が可能だろう。イヌは、いつもの行動や体のにおいのどんな変化も見逃さない。そして、そうした変化は病気の初期の兆候かもしれないのだ。イヌは観察力がきわめて鋭いため、わずかな訓練を受けるだけで、てんかん患者に発作の予兆を知らせたり、糖尿病患者に血糖値が下がりすぎているのを知らせたりでき、すでに人々の役に立っている。

しかし感応追跡については、まだ科学的に解明されていない。この現象は、ことアメリカで頻繁に記録されており、デューク大学の有名な超心理学者だったいまは亡きJ・B・ラインによって、客観的に調査されている。

数匹のネコやイヌが、何百キロも離れた一度も行ったことのない場所で、愛するものの居場所を突き止めるという、奇跡のような技をやってのけている。友人の精神科医から聞いたジャーマン・シェパードの話だ。友人が少年のころ、隣人がニューヨーク市の反対側へ引っ越すことになり、彼らが飼っていたジャーマン・シェパードを譲り受けることになった。そのイヌは、隣人が引っ越してしまうと、友人のもとから逃げ出してしまった。数日後、かつての飼い主である隣人一家は、新しい家の近所でそのジャーマン・シェパードを見つけたそうだ。だがそこは、そのイヌが一度も行ったことのない場所だった。

イギリスでは、ウシの事例も記録されている。そのウシには子どもがいたが、オークションでそれぞれ別の農場に売られてしまった。すると母ウシは、売られた先の農場から脱走し、翌朝、数百キロ離れた子どものいる農場で発見された。もちろん、その農場は母ウシが一度も来たことのない場所だった。

心の奥深くに迫る——共感圏

わたしは科学者になるための教育を受けてきた（ロンドン大学で科学の博士号とともに医学部で別の博士号も取得し、王立獣医大学で獣医学の学位を取得した）。それでも、計測や客観化や定量化できないもの（感情や信仰、直感、生命や意識の内なる神秘といった主観的なもの）に対して、偏見をもたずに心を開いていられた。精神や霊的な領域の問題を扱うには、学術的なアプローチ——科学や宗教の先入観がない、公平で偏見のないアプローチ——が必要となる。動物の予知能力や遠隔からの知覚といった、一般に超自然的なコミュニケーションや透視とみなされるようなものを評価するには、偏見のない心が必要になる。つまり、事実の積み重ねのみによって立証しなければならないのである。そうすることで、わたしたちは自分自身で結論を引き出せるし、科学的・哲学的な仮説や理論、宗教の教義を構築または脱構築することができ、個人的な信念をも検証することができる。

以前に書いた『限りない環（*The Boundless Circle*）』〔未邦訳〕でわたしは、自分自身が見たことやほかの人から聞いたことをもとに、すべての生きものが感情意識をつうじて、生まれながらに互いに共感によるつながりをもっているという可能性に初めて触れた。感情意識とは、相手が人間かどうか、動物か植物かに関係なく、ほかの生きものに抱く自分自身の感情に気づいている状態だ。このつながった感情状態は、共感によってほかの生きものに共鳴することで、わたしが共感圏と呼ぶものを形づくる。この共感圏は、大気のように、わたしたちみなが分かち合い、本質的に関わっている。わたしは、人間を含むあらゆる生きものは共感による一つの共鳴状態にあると提唱した。異なる種の多くの動物がわたしたちに示す高い感受性は、この説に裏づけを与えている。この感受性は、彼らが動物を恐れたり傷つけようとしている人間なら避けるが、動物を前にくつろいでいる人なら避けたり攻撃したりしないといったところに現れている。

言い換えると、わたしたちの感情の状態や、知覚や反応の仕方、動物に対する評価――また動物のわたしたちに対する評価――は、共感圏によって伝達されるのである。それがもたらす影響は、わたしたち自身の精神の健全性や動物の幸福という点から見て大きく、幸福感や不安感、相互の調和や対立という結果につながる。

イヌには長いあいだ、超自然的な能力があると考えられてきた。ただし、帰巣能力や、迫り来る地震や津波にいち早く反応するといった能力は、身体的な感覚や生理的な反応という点から部分的には説明が可能ではある。しかしどんな身体的な感覚も、このあと紹介するようなイヌやネコの反応とは関連していない。現在の限られた科学知識では、動物がまったく異なる場所で起こった出来事に瞬時に反応できる理由を、既知の生理的プロセスから説明することはできない。それでは、具体例をいくつか見ていこう。

フロリダ州ハリウッドに住むエドナ・ソーステンセンの父親が飼っていたネコの話だ。このネコは、父親が入所していたホスピスに入るのを許可されていた。「父の最後の晩、わたしたちはホスピスにいました。父がそう長くはもちそうにもないのはわかっていました。その晩、わたしが子ネコと家に帰り着くと、あの子は大きな声で鳴きながら家じゅうを走り始めたんです。わけがわかりませんでした。数分後、病院から電話がかかってきて、父がたったいま、息を引きとったというのです。あの子は知っていたのです。あの子が父の死から立ち直るのに、長い時間がかかりました」

ミネソタ州のアンジェラは、老人ホームで亡くなったご主人について、手紙を書いてくれた。彼女たちは毎日、夫のもとを訪ねていた。「ある日の真夜中、一緒にベッドで寝ていた一八歳になるネコが奇妙な鳴き声をあげたので、わたしは目を覚まして起き上がりました。次の瞬間、電話が鳴って、わたしたちはホームに来るように言われました。あの子は夫が天に召されるその時を知っていたのです」

ニューヨーク州メレンビルのキャシー・レクターからの手紙には、こう書いてあった。「夫の祖父は、迷子のゴールデン・レトリーバーを見つけ、ペニーという名をつけて飼っていました。彼らは何年ものあいだずっと一緒でしたが、祖父が入院すると離ればなれになってしまいました。ある日、ペニーが吠えに吠えて、まったくやめようとしなかったので、祖母は夫が亡くなったと感じたそうです。病院から電話がかかってくる数分前のことでした」

ノースカロライナ州ウィンストン・セーラムに住むステファニー・アブドンの例だ。彼女の祖母はペットシッターをよく引き受けていて、いろんな人が飼っている動物を世話していた。「祖母はむかし、兄が飼っていたディクシーというイヌも預かっていました。……母が祖母の死を兄に伝えようと電話したところ、ディクシーが知らせてくれたと兄が言ったのです。そのとき、ディクシーは寝室に入ってくるなり、明らかに悲しみに満ちた声で鳴いたそうです。それも、まるで死者を悼むような声で。こんなふうに鳴いたのは、それまで一度もなかったのです。これは、先生の言う〝共感圏〟の理論にぴったりの例だと思うのですが」

ニューヨーク州スケネクタディのカレン・ベロニックが、それと似たような報告をしてくれた。カレンは、叔父の入院中に、彼が飼っていたチャンプというボクサーを世話していた。「ある日の夕方。チャンプはぐっすりと寝ていたんですが、突然起き上がると、家じゅうあちこちを吠えながら走り回りました。しばらくして、わたしは叔父の死を電話で知りました。あとで叔父が亡くなった時間を知ったのですが、それはちょうどチャンプが家のなかで走り回っていたときだったのです。チャンプは、叔父の身に起こったことを知っていたのだと、心からそう思います」

テキサス州ジョシュアのデリン・エディンスは、ネブラスカに住んでいたときに起こった、忘れられないエピソードを報告してくれた。デリンたちは毎年、夏になると一、二週間ほどカンザスにある祖父の家に滞在していたため、一家が飼っていたイヌはデリンの祖父にとてもなつくようになっていた。

「母は祖父の容体がきわめてよくないと知らされたので、様子を見にカンザスへ向かいました。それから少し経ったある日、あの子が奇妙な行動をし始め、鳴き声をあげたり吠えたりして、それはまるで親友を失ったかのような感じでした。『おじいちゃんが亡くなったのかしら?』。誰かが言いました。数時間後、母が電話をよこして、祖父が亡くなったと知らせてきました。いつごろのことかと聞くと、それは、あの子が鳴いたり吠えたりしていたのとぴったり同じ時刻だったのです」

ミネソタ州セントポールのシンディ・ウェルドンは、彼女の叔父が飼っていたベイという雑種犬について書いてくれた。シンディの叔父が西インド諸島のアンティグアで平和部隊として働いていたときに、ベイは彼に保護された。一〇一歳になるシンディの祖父は、心臓手術のためにボルティモアに飛行機で運ばれ、シンディの叔父がこれに付き添い、叔母はベイとともに家に残った。「ベイは、昼間は祖父のイスのそばで、夜は祖父のベッドのそばで、寝ずの番を続け、何も食べようとしませんでした。トイレをさせるのに、叔母はベイを外に連れて行かなければなりませんでした。これが五日間続いたのです。それで、叔母はベイが死んでしまうのではないかと心配しました。祖父は、手術後まもなくの朝一時ごろに亡くなりました。その朝、ベイは寝ずの

ベイ。(写真 シンディ・ウェルドン)

番をやめました。ベイはふたたび食べるようになり、自分で外に行きました。どういうわけかベイは、祖父があの世へと旅立ったのを知ったようです。それ以降、ベイの行動はかつての日常の暮らしに戻っています」

ときには、動物が喜ばしい出来事を予知することもある。バブルスと名づけられた小さな黒い雑種犬がその例だ。第二次世界大戦中のこと、飼い主のジョージが海外の基地に配置されていた数か月のあいだ、バブルスは痩せ細っていった。フロリダ州デイビーに住むジョージの姪のキャンディー・キリアンによると、「バブルスはジョージのベッドで長いあいだ昼寝をするようになりました。……ジョージが前線基地から出した手紙を祖母が受けとると、バブルスは大騒ぎするのでした。まちがいなく、バブルスは手紙からジョージのにおいを感じとっていました。しかし、何より不可解だったのは、終戦間近のある朝、玄関の窓のあたりでバブルスがクンクンと鳴きながら、行ったり来たりしたことでした。どこにもイヌを興奮させるようなものはありません。それなのに、バブルスのこの行動は、三〇分ほど、市営バスが近くの曲がり角で止まって乗客を降ろすまで続きました。バブルスは、バスが見えると興奮しきった様子で、吠え声をあげて、玄関の窓を引っ掻きました。祖母はバブルスを叱りつけようと玄関に来たとき、すんでのところで気を失うところでした。そこには、ダッフルバッグを手に歩道を歩いてくる軍服姿のジョージがいたのです。誰ひとりとして、ジョージが帰ってくるのを知りませんでした。ただ、バブルスはちがったようです」

コンパニオン・アニマルが人の行動を読みとった例には、悲しい話もある。フロリダ州パルメット・ベイのダイアン・ペインが手紙に書いてくれたものだ。獣医だった彼女の夫はうつ病に苦しみ、人生の最期が近づくにつれて、それはひどくなっていった。「亡くなる一、二週前に、夫からレーシー（夫妻が飼っていたラブラドール・レトリーバー）がどうかしたんじゃないかと聞かれました。というのも、レーシーは以前のようには夫のもとに来なくなったからです。レーシーは、玄関先で夫を出迎えてはいたのですが、彼が入ってくると台所のテーブルの下に隠れるようになったのです。夫は残念ながら自殺してしまいました。以来わたしは、レーシーは夫のやろうとしていたことを〝知って〟いたのではないかと思っています。それ以外にわたしには、夫の自殺の二週前にレーシーが彼から距離をとり始めた理由が思い当たらないのです」。ダイアンからの手紙には、レーシーとやっていた習慣的な行動についても書かれていた。彼女は、夫がガレージに入ってくる音が聞こえると、「ダディーズ・ホーム（パパが帰ってきたわ）」と言っていた。すると、レーシーはいつも居間の窓のところへ走っていき、外を見て吠えてから、口に「贈り物」をくわえて彼が入ってくるのを玄関で待つのだった。ご主人が亡くなったすぐあと、ダイアンは、なじみのある「ダディーズ・ホーム」を言ってレーシーの反応を試したそうだ。レーシーは耳を下げ、窓には行かずに、悲しそうな表情で横になった。一緒に住んでいる人間の苦しみに対して多くの動物が示す心配りからは、彼らのもつ共感の深さをうかがい知ることができる。

ミシガン州リボニアのメアリー・ウィルソンからの手紙には、飼い主が亡くなったりケガをしたりするのを感じとる動物たちについて書かれていた。「わたしはホスピスの看護師をやっていて、患者の家族からこうしたたぐいの話をたくさん聞かされてきました。あまりにも頻繁に聞かされるので、わたしはこの手の話をめずらしいこととはまったく思っていません。彼らの話によくあるのが、大切にしていたペットが突然、患者のそばから離れなくなったというものです。わたしたちの目には、患者の容体が変化している兆しはまったく見えないというのにです。そんなことがあったあとは、たいてい数日のうちにその患者は衰弱し亡くなってしまいます。また、ときどき聞かされる話には、患者が亡くなったあと、飼っていた動物がしばらくのあいだ患者のいた病室に入るのを避けるというものがあります。こうした話には、動物たちが飼い主の体調の変化に神経を研ぎ澄ませていることと、彼らが深く悲しんでいることが現れているのではないでしょうか」

スコティッシュ・テリアのマックは、ミシガン州ノルウェー在住のラリー・アンダーヒルが働く地元の退役軍人局病院のセラピー犬だった。彼らが土曜日のベッドの巡回に出て、マックのお気に入りの患者がいる二人部屋にさしかかったとき、その患者のベッドは空だった。それでもラリーは、とにかくその部屋のもう一人の患者を訪問することにした。「ぼくがその部屋に入ろうとしても、マックは動こうとはしませんでした。まるでレンガにでもなったかのように、びくともしないのです。どんなにおだてたり、おやつをあげようとしたりしても、マックの心が動く気配はありませんでした」。このあとすぐ、ラリーは看護師からその患者が前日に亡くなったと聞かされた。「マックがそこに何かを見たか感じたのだと理解すると、背筋が凍る思いでした。おそらく彼は、友人の魂がいなくなってしまったのを感じたのでしょう。ぼくには本当のところはわかりません。ですが、ぼくはこの出来事を忘れることはないでしょう。残念なことですが、それから六か月のあいだにマックに癌が見つかり、安楽死させることにしました。そのことを聞いて、病院の患者たちはみんな悲しみました」

ロクサーヌ・マッキノンからの手紙には、癌を患い自宅で安らかに逝った母親と、彼女のイヌが見せた反応について、興味深い話が書かれていた。「母が息を引きとった日、飼っていたミニチュア・シュ

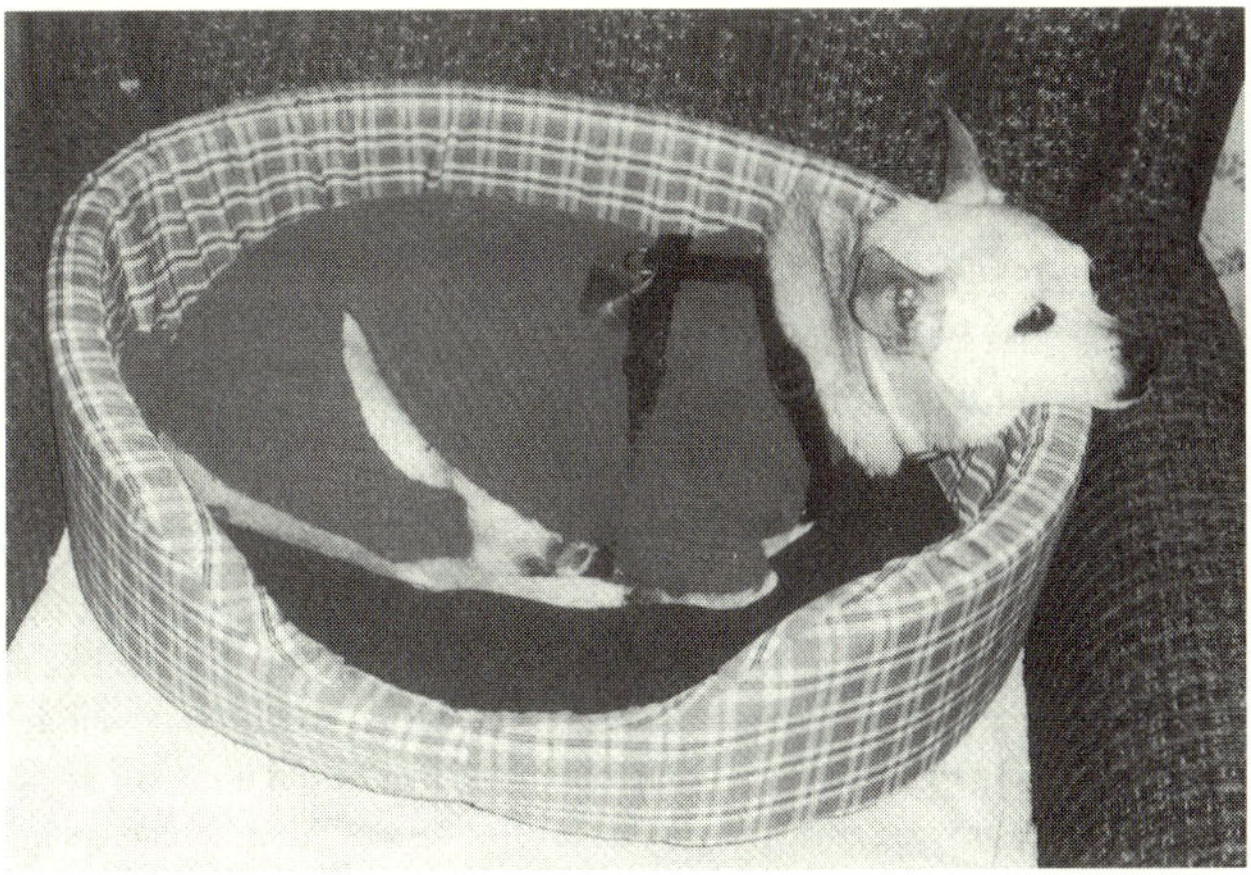

寝間着姿のレーダー。（写真　ロイス・スミスウィック）

ナウザーのサラは、居間の向かいの部屋で新聞を読んでいた夫の膝の上で横になっていました。わたしは居間で、母の最期を看とっていました。突然、サラが、夫の膝から降りて居間へ駆け込むと、母のベッドのわきに飛び乗って彼女を見つめました。それから天井を見上げたのですが、それはまるで、母の体から魂が去っていくのを見るか、感じることができるかのようでした。その後、サラはベッドから降りて、別の部屋にいる夫のもとへ戻りました。こんなことは、それまでただの一度も見たことはありません。母が最期を迎えたその瞬間、サラはどこからともなく現れたのです」

イヌの警戒心や共感能力は、時空をも越えるのかもしれない。これについては、テキサス州ハーツのロイス・スミスウィックが報告してくれた注目すべき話を紹介しよう。ロイスが夫とクルーズ旅行に出ていたとき、夫妻が飼っていたイヌのレーダーが扉を引っ掻いている音がして、彼女は朝五時に目を覚ました（レーダーはロイスの娘がかわいがっていた救助犬だが、前の飼い主が転居するさいに処分されそうになったことがある。スミスウィック夫妻は、看護師の娘が働いているあいだ、毎日、レーダーの世話をしていた)。「それはあまりに自然で、まるで家にいるような感じだったの。レーダーがわたしの注意を引いてパパの様子を見るように訴えているかのようだったわ。その引っ掻く音を聞いたとき、初めはレーダーのことが恋しくて幻聴を聞いているのでは、と思ったわ。けれど、頭がはっきりとしてくると、夫が深刻な状態にあることがわかりました。彼の血糖値を計ってみると二七でした。五〇を下回ると危篤状態と言われ、患者は糖尿病の昏睡状態になってもおかしくないのです。わたしはすぐさま行動し、彼にブドウ糖を与え、血糖を上げることができました。もし、いつもどおりの時間に目を覚ましていたら……。考えただけでもぞっとするわ。レーダーはテキサス州、わたしたちは地中海沖に浮かぶ船と、お互いに遠く離れていながら、レーダーの考えたことがわたしに届いたのだと思うと、信じがたい気持ちです」

ここまでの証言に出てきた、レーダー(なんともぴったりな名前だ)やほかのすばらしい動物から、動物に予知能力や深い共感能力、遠隔からの知覚や離れたところからコミュニケーションをする力が確かにあるということがうかがえる。

動物の利他精神

利他的であるというのは、何も人間だけにある美徳というわけではない。イヌやネコがやってのけた英雄的な偉業についての話はたくさんある。たとえば、家族や見知らぬ人が、火事に巻き込まれたり溺

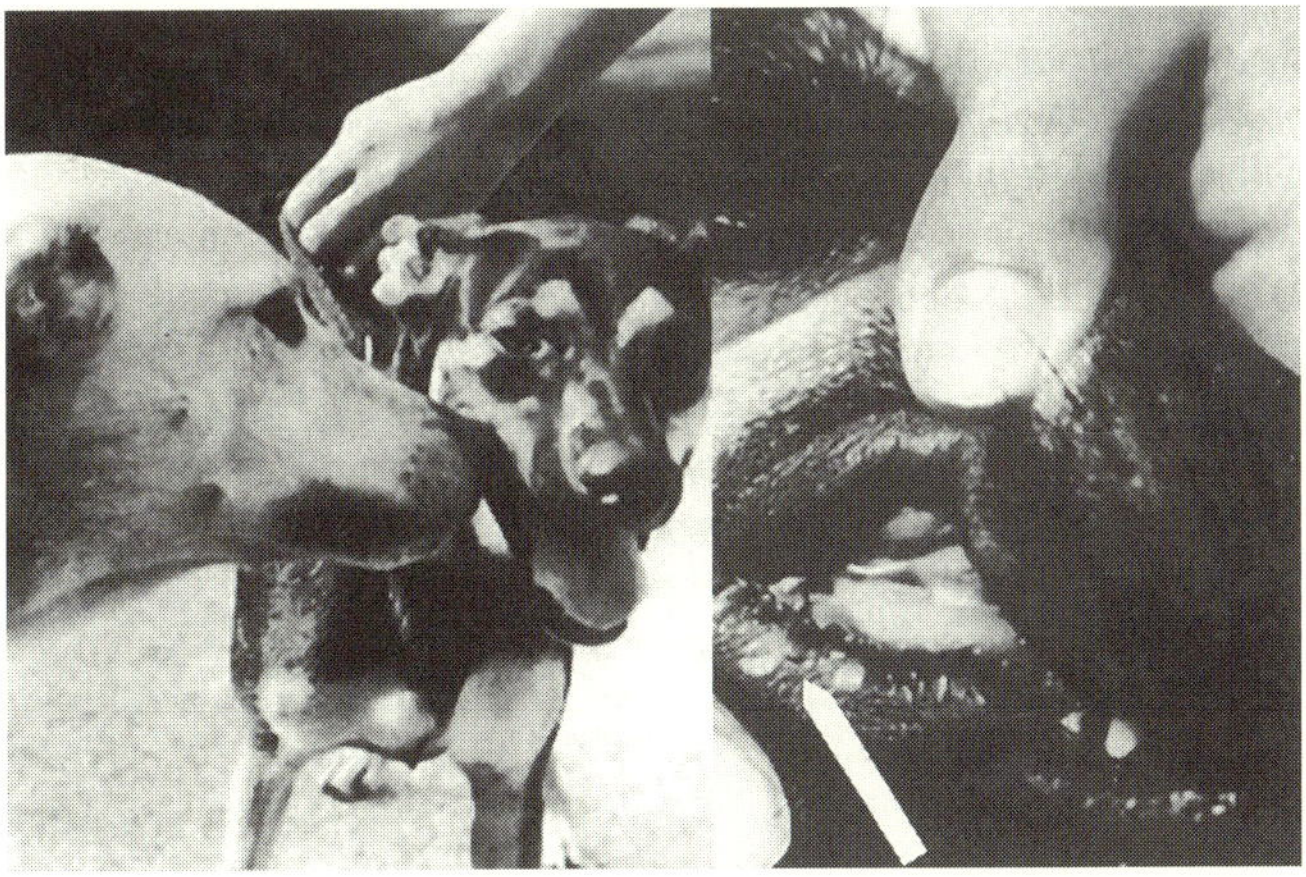

リジーの口を調べるタンザ。このあと、タンザはリジーの唇から数個の大きなこぶをとり除いた（矢印はこぶのあった場所）。（写真 M. W. Fox）

れたりしているのを助けたり、危険な人物や動物を近づけないようにしたりする。こうした利他行動には、動物がすぐれた機知と洞察をもつことがはっきりと現れている。

イヌは、利他行動と共感とによって、互いを気づかい、自分の所属する社会集団の利益の向上に貢献する。とくに印象的な利他行動の例に、イヌがほかのイヌにちょっとした手術を行なったというものがある。わたしと妻は、イヌのリジーの下唇の内側に、四つのこぶがぶら下がっているのに気づいた。そのとき、一緒に飼っていた年上のイヌのタンザも、わたしたち二人と一緒にリジーのこぶを念入りに調べていた。それでわたしは、翌日リジーを動物病院に連れて行き手術でそのこぶをとってもらうことにした。しかし翌日、リジーのこぶはすべてきれいになくなっていて、唇には傷や出血の跡もなかった。リジーは、このアフリカ生まれのタンザに、グルーミングされ、ヒゲを噛まれて短く刈り込まれるのに慣れていた。動物のこうした利他行動を目にすると、本当に謙虚な気持ちになるし、わたしたちと動物とが生物学的・精神的に近い関係にあると強く感じさせられる。

タンザは、イヌが人間のさまざまな状態の皮膚を舐めることに医学的効果を認めている地域からやって来た(また、この地域のイヌはおむつに出された幼児の排泄物を摂取し、衛生的にリサイクルするということもする)。そのため、イヌはこの地域の人々に歓迎される。最近では、科学者らが、動物の唾液のなかに抗生物質や組織を治療する物質を見つけ、唾液に病気やケガを治す性質があることを示した。これは、自然がもたらした進化の奇跡と言えよう。

さらに共感について

もし動物に共感する能力がなく、他者の感情の状態を理解したり、他者の痛みを感じたりすることができなかったなら、動物の世界に利他行動があるという証拠を見つけ出すことはなかっただろう。しかし、わたしたちはそれを見いだしているのだ。動物行動学者たちは、さまざまな種に見られる利他行動の根底に、世話をする行動と世話を求める行動があるとしている。そして、これらの行動が意味するのは、動物は共感能力をもっているということである。

コンパニオン・アニマルが共感能力をもつことに賛同する人たちが、たくさんの体験談を教えてくれた。そのなかから、いくつかここで紹介してみよう。

カリフォルニア州フレスノに住むエスター・シューの話だ。「癌センターでの治療から戻ると、わたしは衰弱して体調を崩しました。飼っていた二匹のエアデール・テリアは、まるでブックエンドのように、ベッドに横たわるわたしの左右に陣どり、何時間もそこから動きませんでした。そのあいだ、二匹は、わたしのひどく痛むところに代わるがわる頭を載せていました」。また二年前のある夜は、二匹のうちのロビーというイヌが「突然ベッドに飛び乗り、夫にぴったりと体を添えました。……ロビーはふだん決してこんなことはせず、ベッドのわたしが寝ているほうに置いてあるクッションで寝ていました。ロビーは一時間ほど身を震わせてから、階下に降りました。これもふつうではない行動でした（いつもは、夜に寝室を出て行くことはないのです）。数分後、夫は重い心臓発作に苦しみ、亡くなりました。ロビーは何かよくないことが起こると知っていたのでしょう」。

このエアデール・テリアの話と似た体験談が、ミシガン州のロメオに住む女性から寄せられた。彼女の飼っていたシャムネコは、飼い主を悩ませ睡眠を妨げていた動悸《どうき》に気づいた。「クロエがやって来て、わたしにぴったりとくっつくと、左胸の心臓のあたりに前脚を置きました。そのあとすぐに、動悸が治まり、わたしはぐっすり眠ることができました」

バージニア州チェサピークに住むエイミー・スナイダーは咽頭癌に苦しんでいたが、いつも彼女の横で眠るメインクーンのボンカーズに元気づけられた。自宅から一五〇キロ以上離れた病院で放射線治療を受けていたため、帰宅できるのは週末だけだった。ある日、家に帰ると、彼女はボンカーズが衰え、老け込んだように見えるのに気づいた。獣医のもとに連れていったところ、ボンカーズは手術ができないほど癌が進行しているのがわかり、安楽死させるほかなかった。「癌のせいで気管は見るも無残な状態でした……。わたしとボンカーズの病気は驚くほど似ていたので、あの子はわたしの病気を引き受けようとしたのだと思えてなりません。わたしが癌を克服できたのはボンカーズのおかげです」

この逸話は、わたしが提唱している共感による共鳴の理論を裏づけるものだ。この理論では、きわめて共感能力の高い動物は、飼い主が苦しんでいるのと同じか似た病気になる場合がある。これが意図的なものにせよ偶然にせよ、共感することには、人間と動物の双方に危険がともなわないわけではないということが、こうした事例から読みとれる。

ミズーリ州オシオーラのパトリシア・アンダーソンは、短期の入院ののち、在宅看護を受けるようになった。やってきた看護師たちは、パトリシアが「守護天使」と呼ぶ二匹のネコを見て、胸が熱くなったという。「二匹のネコたちは、わたしの両側にそれぞれしゃがみこみ、看護師が必要な処置をしているあいだ、そばを離れようとしませんでした。だから、痛みを感じたり気が滅入ったりしても、少し手を伸ばしただけで愛らしいぬくもりを感じられました。あの子たちは、交替でベッドから下り、食事をしたりトイレに行ったりしたので、わたしは一人になるときがありませんでした。ある日、二匹は一緒にベッドから下りて、はしゃぎ回って、ふだんのような感じで遊びだしたのです。わたしが治りつつあることをいち早くあの子たちは知っていたんですね」

そのほかの多くの手紙が証言しているように、イヌやネコが支えとなって、気分の落ち込みや精神的・身体的な苦痛を経験したり、とりわけ配偶者や近しい人に死なれたりした飼い主が、そうした出来事と折り合いをつけられるようになっている。ニューヨーク州クリフトン・パークのケアリー・ワトソンは次のように書いている。「二匹のイヌがいてくれなかったら、妻を失った悲しみから立ち直るのはとても難しかったはずだ。配偶者に先立たれたあと、多くの人がすぐに亡くなってしまう理由がわたしにはわかります。わたしたちが生き続けるには、愛が必要なのです」。これと同様のことを、バージニア州コートランドのバーバラ・ジョイナーは綴っている。ご主人の早すぎる死のあとに引きとったネコたちは、「望まれ、必要とされ、愛されているという感覚を与えてくれました。暗く沈んでいた暮らしにあの子たちは喜びと幸せを運んでくれたのです」。サウスダコタ州のスーフォールズに住むパトリシア・マウヌは、ただ一人の子どもを自殺で亡くし、苦しんでいた。彼女の飼っていたビション・フリーゼのジェイムは、「わたしにベッドから起き上がろうという気力と、生きようとする意志を与えてくれました」。

コンパニオン・アニマルが助けとなって難しい時期を乗り越えられたという話や、彼らが絶え間なく愛情を与えてくれたという体験談は、枚挙にいとまがない。そして、彼らとの生活から得られる喜びを考えると、ニューオリンズなどの地域でハリケーン・カトリーナに被災した多くの人々がコンパニオン・アニマルを置いて避難するのを拒んだ理由が理解できる。コンパニオン・アニマルは、れっきとした家族の一員であり、たくさんの人々の日々の感情と切っても切り離せない存在なのである。

9 鏡としてのイヌ

わたしの経験からすると、動物に対するいちばん最初の印象や、幼いころの記憶から呼びさまされる反射的な感情によって、動物を理解する力や動物とのコミュニケーションの能力が決まる。この点に関して、いかに実証的な科学がすぐれていようとも、互いをどれだけ理解し、いかにうまくコミュニケーションをとれるかを決めるのは、わたしたちの感情や態度――もっとも深いところにある、信念や恐怖や願望――だ。これを拡大して、動物や自然に対しても同じことが言える。

わたしにとって、いちばん最初に動物を見たときの記憶と、イヌと一緒だったときの記憶は、畏敬の念と驚きと喜びをともなうものだった。彼らはとにかく異なる存在であり、大いなる存在だった。彼らが多様で異質な存在であったため、この世界は人間だけのものではなく、無数の生きもののものでもあることをわたしは理解できた。イヌはわたしにとって、最初の教師であり、動物のなかでもっとも親しい友だった。わたしは、いまだかつて動物に傷つけられたことも、怯えさせられたこともない。たくさんの動物が、尊敬というものの本質や、自然に敬意を払うことを教えてくれた。

わたしは子どものころ、どんなイヌとも親友や仲間になれることを知った。彼らはいつも友好的で、わたしたちを魅了してやまず、言葉をしゃべらないのに大切な者をどういうわけか苦もなく理解する。イヌはわたしの仲間であり、遊び友だちであり、ときに患者だった。また、迷子を救出したりもした。そして何よりも、わたしにとってイヌは教師だった。彼らはイヌとは何かを教えてくれた。彼らの好き嫌いや、さまざまな感情や欲求、意図、期待を表現・理解するという観点から、イヌとして生きるとはどういうことかをわたしは学んだ。大人の場合、イヌから何かを教わったり、イヌによって癒されたりするためにはたくさんのものを手放さなくてはならない。しかし、子どもにしてみれば、それはいたって簡単なことだ。子どもは怖がらないし、大人の人間中心主義に毒されていない。

マーク・ベコフは、動物の感情に関する自分たちの研究と関連させて、この人間中心の教義を検討し直すようにほかの科学者たちに働きかけた。彼は、得られた証拠の数々を『イルカの微笑み――動物の感情に関する注目すべき解釈（*The Smile of a Dolphin: Remarkable Accounts of Animal Emotions*）』〔未邦訳〕という出版物に集め、そのなかで、動物はわたしたちと対等であるだけでなく、感情や感受性の領域では人よりもすぐれていることが少なくないと提唱した。これはきわめて説得力のある著書だ。

一九七〇年代、セントルイスのワシントン大学で動物行動学を教えていたとき、わたしは最初の講義で、動物の行動は彼らの心や意識を示す窓となると、はっきりと説明した。動物の行動のほとんどが、意欲や欲求、意図、期待、そしてとくに彼らの感情を表現しているのである。社会的な状況のなかで見られる動物の行動からは、社会的な関係やコミュニケーションの方法（または言語）がよりいっそう理解できる。加えて、動物どうしが互いに理解し合っていて、彼ら自身もすぐれた動物行動学者であることもわかってくる。また、さまざまな環境における動物の行動は、適応により進化した仕組みやパターン、戦略であることが明らかになるかもしれない。こうしたもののうちいくつかは、コミュニケーションの信号のように生まれながらのもの、つまり生得的なものである。それらの行動には、意識的な介入や調節はないのかもしれない（それはたとえば、誰かに無意識に、しかも自発的に笑うようなものだ）。しかしこれは、動物が意識をもたない、本能に従うだけの自動機械であるという意味ではない。

動物への愛

わたしは動物の研究をとおして、動物よりもむしろ一部の人間こそが、不合理で理性を欠き、無自覚で、恐ろしいほど感情が欠落しうるということを学んだ。動物に対するふるまい方には、その人の態度や信念や価値観が如実に表れる。とりわけ目立つのは、物質主義や機械論、冷酷で「客観的な」科学を重視する態度であり、ほかには管理や支配しようという態度や、恐怖、無関心も表れている。もちろん、動物への思いやりや愛も見られる。

わたしはかつて、ノーベル賞受賞者で動物行動学の生みの親の一人とされるコンラート・ローレンツが国際的な学術会議で講演しているのを聴いたことがある。彼は、「動物のことを本当に学び、理解しようとするなら、何よりもまず、その動物を愛さねばならない」と言った。

ローレンツが主張していたのは、わたしたちの日常的な人間関係や動物との関わりのなかに、研究室や野外の研究と同じくらいの人間的な感情の欠落が見られるのではないか、というものだ。彼がわたしに語ってくれたのは、動物への理解を深める動物行動学や、一般の人々の動物への正しい理解や関心が、近代の機械論的な還元主義者や「客観的な」行動心理学者たちによって蝕まれているのではないかという懸念だった。そして彼は、それに「わたしが完全に同意している」と確信していたし、じっさいわたしは心からそう思っていた。

ローレンツは、単なる感傷的な愛情を訴えていたわけではなかった。感傷的で所有欲の強い「愛」（そして、その「愛」から投影されるものや束縛）は、動物の行動や意識について深く理解するための土台にはならない。彼は、より深い結びつき、つまり共感にもとづく結びつきを呼びかけていたのだ。それは、原始の時代に起源をもつもので、当時、わたしたちの祖先は動物とじっさいに「話し」、動物になることができたのである。動物とのこうした関係は、わたしたち現代人の感覚では怪しいスピリチュアルなものや、超常的なものと映るかもしれないが、これは、すぐれたハンターやのちの時代の畜産家や農家にとっては、きわめて実用的であり、生き残るためのすべでもあったのだ。

ローレンツが主張したタイプの愛とは、共感と思いやりである。これらは、動物の感情や意志を深く理解するのに必要不可欠なものであるばかりでなく、人間どうしの関係、とくに子どもとの関係にとってもきわめて重要なものだ。このような愛があれば、人間関係や動物との関係のなかで互いを高め合える。

人は動物にどれほど影響を及ぼしているか

動物に対する見方——友好的または危険、はたまた狡猾だとか信用できないとまで考えていること

——がその人物に対する動物の反応に影響を及ぼすことを、わたしは動物から教わってきた。人々の態度や信念が、彼らの動物に対する見方を左右し、さらにそれが、動物の行動をどのように解釈するかということにも大きな影響を与える。もちろん、すべての動物が無害で友好的（あるいは有害で攻撃的）で、人に対してもそのようにふるまうと考えるのは浅はかだし、動物を感情のない自動機械だとか、ただの商品——所有されるだけの下等な存在——であるかのように扱うのは愚の骨頂である。そのような心構えや、野生動物を戦利品や害獣・害鳥とみなしたり家畜を野生種が退化したものとみなしたりする人の考え方からは、互いに高め合うような人と動物との関係を築くことはできないだろう。

人と動物とが互いに高め合う関係は、ローレンツが主張した愛のようなものにもとづいており、酪農家や養豚家、イヌなどのコンパニオン・アニマルを飼うすべての人にとって、それは節度ある利益につながる。昔から言われているように、愛は理解をもたらすが、無知は偏見と恐怖をもたらすのである。複数の研究が最近、家畜と世話をする人間とのあいだの良好な関係が、家畜の健康や生産性をどれほど向上させるかを報告している。ブタは子ブタを、ニワトリは卵をよりたくさん産み、乳牛はより多くのミルクを生産した。動物の赤ん坊や妊娠期間中の動物を日ごろから優しく世話すると、ストレスや年をとってから罹るさまざまな病気への抵抗力が驚くほど高くなった。

鏡としてのイヌ

イヌやネコは、人間の家族の一員になるなかで、特定の行動を変えて、社会面や感情面に関する基本的な欲求を他者にうまく伝えられる行動を身につける。この過程で、イヌやネコは、飼い主に訓練されるのと同じくらい（ときにはそれ以上に）、飼い主を「訓練」する。

遺伝子による影響（遺伝）と、生後間もない時期の環境とによって、イヌやネコはさまざまな気質を発達させる。そしてその気質と、学習や社会的な関係との相互作用によって、それぞれに特徴のある性格が形づくられる。

ある人たちは、悪いイヌなどいない、そしてイヌの性格がどのように発達するのかは何よりもまず人間の影響であると言う。

しかし、遺伝的な要因は確かに、気質や、人と動物との精神的な結びつきの質に影響する。生後まもなくの、発達にとってきわめて重要な臨界期（あるいは感受期）にどれほど愛情を与え、彼らを理解しようとも、動物は本当の意味で、わたしたちとの生活になじむことはないようだ。そういうわけで、イヌやネコはつねにわたしたちを忠実に映し出しているわけではない。しかし、ほとんどの場合、彼らはわたしたちを映す鏡である。

飼っている動物に似ることがよくあるという事実――性格や見た目、とくに気質やふるまいが驚くほど似ることがあるということ――は、単なる偶然の一致ではないかもしれない。わたしが「共感による共鳴」と定義した働きによって、この偶然として片づけられない現象を説明できるかもしれない。

イヌは、わたしたちの人間性を映す鏡であると同時に、わたしたちによる人間性のかけらもない残虐行為の矛先にもなっている。コンパニオン・アニマルとしてのイヌの幸せは、わたしたち自身の幸せが反映されている。これは、経済的な裕福さより、動物を含めた家族や集団を気づかうという、わたしたちの精神的な能力により決まるものだ。イヌの幸せは、社会がどれくらい文明化されているかを示す、はっきりとした指標だ。ウィリアム・ブレイクの詩にあるように、「イヌが主人の門の前で飢えていれば、それは国が亡びる兆し」なのだ。

第2部　イヌの体

10 コンパニオン・アニマルの世話・健康・福祉

世話と福祉

アメリカペット用品製造業協会は最近、国内のペットオーナーを対象に、三一〇億ドルの規模をもつペット用品産業についての調査を実施した。調査結果には、基本的な情報のほか、興味深いけれども、不安になるような情報もいくらか含まれていた。

動物の保護

三〇以上の州が、動物の虐待を重罪とする法律を制定している。六つの州では、動物虐待が疑われる事例の報告について、獣医に対する民事責任および刑事責任の免除を法律によって認めている。四五の州で、闘犬を重大犯罪としているほか、複数の州で、裁判のさいに動物を預かる動物シェルターの財政上の負担を軽減するための、保釈金の設定に関する法律を制定している。

家族や動物や配偶者に対する虐待が互いに関連していることや、幼少期の動物に対する残虐行為がのちの暴力的な犯罪行為と関連していることが、多くの裁判官、検察官、ソーシャルワーカーに認知されるようになってきている。

二〇〇〇年時点で、動物シェルターが実験を目的とした施設に動物を売ったり譲渡したりするのを禁止しているのは、わずか三つの州だった。市民の抗議により、いまでは一二以上の州がこれを法律で禁止し、そのほとんどの自治体がこの慣行を廃止した。

いまでは判例法も制定法も、損害賠償の根拠として、動物の公正な市場価値に加え、アニマル・コンパニオンを失ったことによる精神的苦痛も次第に認めるようになっている。

イヌの美容整形

特定の犬種の耳や尾を美容目的で切断する手術は、アメリカではごく普通に行なわれてきたが、イギリスなどのほかの国々では法律で禁止されており、アメリカもそうすべきである。アメリカ動物病院協会は、美容目的でのイヌの断尾や断耳に反対していると報じられている。

イヌの耳の一部や尾を切除するのは、苦痛を与えるだけでなく、ボディーランゲージに使われる体の部位を奪うため、彼らの一生に影響する、良心を欠いた施術である。

興行用犬種の美容整形

断耳や断尾同様、興行用の犬種に対する美容整形術も禁止すべきだ。目や唇や耳などに現れる、外見上の遺伝的・発達的な欠陥を修復するために美容整形術を施す（プラスチック製の代替物を入れて、睾

断耳手術を受けたばかりの若いドーベルマン。耳を添え木で固定されている。断耳は苦痛がともなうし、不要だ。(写真 M. W. Fox)

丸を停留させることさえする)獣医は、処罰されるべきだ。

動物を利用する産業

ほかの文化で食物や害獣とみなされる動物が、欧米では非常に大切にされる(とくにネコやイヌがそうだ)。だが、これを完全な溺愛や見当違いな感情の投影とみる批評家がいるのは、なんとも皮肉だ。こうした動物の飼育に年間数十億ドルが費やされているのである。欧米では、こうした動物が人間の友や家族と考えられているため、動物が権利をもち、倫理的な配慮に値することが社会的に受け入れられやすくなっている。動物を利用するアメリカの産業——ことに工場式畜産、漁業、動物研究、野生動物の取引、毛皮産業——にとって、これは重大な脅威とみなされている。

こうした産業は、ペットを大切にする人たちを、動物を擬人化する感傷的な人たちとみなし、自分たち「生命に関わる」産業でじっさいに起こっていることを真に理解していないと無視している。

動物を搾取するこうした人々は、動物にはわたしたちとほとんど同じ神経化学経路を介した感覚や感情があるという事実を受け入れたがらない。これについては、すでに科学的な証拠が示されている。

商業化の問題

良心的な獣医は、飼い主と動物とのあいだで、それぞれの利益や要求のバランスをとろうとする（これは難しいことが多い）。その一方、フードや医薬品、ペット用品の企業が行なった市場調査では、製品やサービスをより多く販売することに焦点が当てられている。

批評家によると、医薬品や殺虫剤やおやつから、オモチャや訓練用の首輪、ペットフェンス〔地中に埋めたセンサーにペットが近づくと首輪から電気ショックが流れるようにしてある製品〕などを販売する企業が、飼い主や世話をする人の要求や不安、恐怖に対して製品やサービスを提供しているが、動物の欲求や利益に合うようなものはあまり提供していない。

コンパニオン・アニマルに投与したり、身につけさせたりする殺虫剤はみな、最後には排泄物をとおして環境に放出される。これが生態系に与える影響は計り知れない。これは、政府が対処しなければならない深刻な問題である。

ワクチン接種の慣行

最近まで、イヌやネコは過剰なワクチンを頻繁に接種されてきた。多くの獣医がワクチン接種のプロトコル〔手順を規定したもの〕を改善し、飼い主たちはワクチンの危険性を認識するようになってきているのに、多くのイヌやネコの飼育所は、いまだにワクチン接種を更新するべきだと主張し続けている。不要で定期的なワクチン接種の代わりに、血液検査で抗体価〔ウイルスなどの抗原に対して産生された抗体の量を表す指標〕の測定を行ない、ワクチンの再接種が必要かどうかを決定するという安全な方法がある。

いまでは、年一回の追加接種は、効果よりもむしろ悪影響を及ぼすことのほうが多いとわかっている。たとえば、さまざまな自己免疫疾患や、慢性の免疫不全、内分泌異常、ネコでは線維肉腫という癌などを発症する。

ネガティブな側面

たくさんの人が、コンパニオン・アニマルとの交流を心から楽しんでいる。この関係が特別なものであるため、人と動物との精神的なつながりや、そのスピリチュアルな面や癒しの力、影響力を称える書籍が多数出版されている。コンパニオン・アニマルは、天使のような存在とみなされることさえある。しかし、コンパニオン・アニマルとわたしたちとの関係には、愛や敬意だけでは言い尽くせない、ネガティブな側面もある。

動物を苦しめる人間社会の残虐行為にとり組むには、教育や法律、調査、訴訟が必要とされる。ペットフード産業などのベールに包まれた施設では、たとえば腎臓病のネコ用の新しいフードを開発するにあたり、動物を使用する試験を下請けに出す。こうした研究は動物を犠牲にすることがきわめて多い。一般の人々は、こうしたたぐいの研究がどのように行なわれているかを知らない。たくさんのネコの腎臓が切除され、試作品のフードの評価が行なわれている。「特別」なフードは、多数の動物たちの犠牲と苦しみの上に開発されているのである。

これが、新商品を開発する唯一無二の方法ではないはずだ。しかし、ペットフード産業は反対するにちがいない。

科学者や研究技官または学生は、施設外でなら動物虐待禁止法で禁じられているイヌやネコを使用する実験を計画し実施することができる。これは、限りのない同情の倫理という理想を「状況いかんで変わる倫理」の力が押さえ込むことを浮き彫りにしている。

新薬や遺伝病検査の開発を進めやすくする目的で、特定の病気をもつ実験動物が繁殖させられている。現代では、生物医学研究、とくに遺伝子を操作した齧歯類《げっしるい》を用いた研究が激増している。そして遺伝子工学者らは、次の実験動物として純血種のイヌに狙いを定めている。アメリカ政府は、イヌゲノムのDNA配列決定のために、研究資金として五〇〇〇万ドルの税金を投入してきた。それは、四〇〇ほどあるイヌの遺伝子異常のうち、ヒトゲノムに見られる異常と類似したものを特定するためだ。

今後、遺伝病をもつイヌが、意図的に繁殖させられるようになるだろう。これは、遺伝病に苦しむ犬種の遺伝子プールからブリーダーが欠陥のある遺伝子を除くのに有効かもしれない。だが、人が罹る似たような遺伝病のモデルとして、苦しみをともなう人類への貢献をイヌが新たに強いられることになるのはまちがいない。

わたしは、健全な科学は動物実験が不要であることを身をもって示しうると、長年にわたって主張してきた。

必要もないのに、故意に健康な動物を病気にしたり傷つけたりするのは、倫理的にまちがっている。病気やケガをした動物はたくさんいるのだから、獣医とその患者の飼い主とが協力すれば、もっと倫理にかなう動物実験ができるはずだ。獣医学校と開業医の獣医とのあいだに緊密な連絡と協力体制があれば、新しいフードや施術、薬、診断法を必要としている動物を使い（飼い主のインフォームド・コンセントを得たうえで）、それらの効用を試験し、そこからたくさんの知見が得られるはずだ。この方法がコンパニオン・アニマルの健康を増進させるうえで人道的なやり方であると、わたしは信じている。そうした活動をとおして、多くの不要な動物研究を廃止できるだろう。

コンパニオン・アニマルの本質

わたしの同級生で、イギリスで獣医をしていた故デリック・パウトが、手紙にこう書いてよこしてくれた。「動物を愛する人は、動物そのものや、そのよい面を愛するというよりも、自分たちの個人的な要求を満たすために動物を愛しているようだ」。これは、いくぶん一般化しすぎかもしれない。わたしが見たところ、従来よりも責任感をもって動物の世話にあたる人が増えている。彼らは、質の高い栄養を与えたり獣医の診療を受けさせたりするだけでなく、動物がほんらいの姿で過ごせるような環境も整えようと努めている。そのおかげで、動物たちはそれぞれ、イヌらしく、ネコらしく、モルモットらしく、ブタらしく、鳥らしく、魚らしくいることができる。だからもはや動物は、飼い主にとって単なる付属物や感情のはけ口とはみなされていない。

動物の権利を主張する人は、動物には動物の生活や関心事、目的があり、人間の目的をかなえるため

典型的なパピーミルで品種改良用に飼われているイヌ。狭い檻に閉じ込められ、針金の床には排泄物が溜まっている。（写真　Foxfiles）

の手段にされるべきではないと頑なに信じている。だから、彼らにしてみれば、ペットを飼うことも倫理的にまちがっていると言える。これは議論すべき論点である。

人間は、動物と互いに高め合う共生的な関係を築くことができる。この精神的なつながりを心から称えるべきだ。しかし、わたしたちは、理解を深めることと教育とで、それを発展させ育まなければならない。人間と動物との健全な心のつながりは、そもそも相互に高め合うもので、互いの利益と根本的な幸福に貢献し合うものだ。

アメリカンケネルクラブ

わたしは、アメリカンケネルクラブや、彼らとペットフードの大企業とのつながりに懸念を抱いている。そうした企業は、ドッグショーで公然と広告を打っているのである。アメリカンケネルクラブには監査が必要だろう。断耳や断尾の慣行を承認しているようだからだ。そして、血統登録書の販売で何億ドルも徴収しているほか、いまではＤＮＡ検査プログラムも行ない、ケンネルクラブの血統記録を脅かしたとされる虚偽が繁殖記録にどの程度含まれているかを調べている。わたしがとくに気がかりなのは、アメリカンケネルクラブが、商業ブリーダーやパピーミル〔純血種を効率的に繁殖させる犬舎〕からのイヌを登録し続けていることだ。パピーミルは一大ビジネスだ。わたしは、イヌやネコを購入するさい、その両親をじかに見て、彼らがどのような世話をされたのかや、どのような気質をもっているかを評価できない限りは純血種を買わないようにと、新たにイヌを飼おうとしている人には忠告している。

また彼らに、地域のシェルターからイヌやネコを引きとることや、雑種を飼うことを強く勧めている。雑種では、純血種でよく見られる健康面や行動面の問題があまり起こらない。子イヌや子ネコの大規模な商業ブリーダーは、おもにペットショップやインターネットを介して販売を行なっているほか、海外にも輸出している。そのため彼らは、健全な繁殖業務に関する基本倫理にしたがい、後代検定を行なうことができない。後代検定とは、生まれたすべての子どもに対して追跡調査を続け、遺伝病や、極度の臆病やヒステリー、攻撃性といった遺伝性の行動面の問題を監視することだ。

◇◇◇◇◇◇◇◇◇◇◇◇◇◇◇

アメリカのイヌに関する統計データ

〈人口統計〉

アメリカでは、合計六四二〇万世帯がコンパニオン・アニマルを飼っており、その世帯数は一〇年前と比べて一〇％上昇した。六五〇〇万匹のイヌが飼われ、そのうちの二〇％は屋外で飼われている。

〈卵巣切除と去勢に関する統計〉

約三〇の州が、法律によって動物シェルターから引きとる動物に卵巣切除か去勢を義務づけている。

〈栄養に関する統計〉

一六%のイヌが肥満に相当し、これは二〇〇〇年調査の一二%から増加している。二〇〇三～〇四年の調査では、ネコとイヌに与えられる栄養が改善されていた。多くの飼い主が、自家製の餌のほかに、質の高い市販のペットフードを与えるようになっている。これは大幅な改善だとわたしは考えている。

〈安楽死に関する統計〉

アメリカ動物愛護協会によると、シェルターでの動物の安楽死件数は減少している。二〇〇五～〇六年の統計では、一億二〇〇〇万匹の飼いイヌと飼いネコのうち四六〇万匹（四・五%）が安楽死させられたと推計しているのに対し、一九九二年の統計で安楽死させられたのは、一億一〇〇〇万匹のうちの五六〇万匹（五・五%）だった。

コンパニオン・アニマルにとっての利益

幸いにも、わたしの親しい同僚たちの多くがホリスティックな手法〔部分だけでは論じることのできない全体論的な手法〕をとる獣医だ。彼らは、動物の健康や福祉を擁護する新しいタイプの専門家で、動物の健康を保つとり組むをするにあたり、身体的な兆候だけでなく感情面や社会的な側面にも注目する。

彼らは、コンパニオン・アニマルの基本的な健康を保つために、次のような原則に重きを置いている。

1　イヌやネコを飼う場合は雑種とし、シェルターから健康な個体を引きとる。近親交配で生まれた個体や純血の個体は、完璧な後代検定の記録をつけている信頼のおけるブリーダーのものでない限り、たいていは多くの遺伝的欠陥をもつようになる。

2　社会的および感情という点で、健全な環境を用意する。また、コンパニオン・アニマルの感情に共感するとともに、わたしたちとは異なる欲求をもっていることに敬意を払う。

3　健康にいい栄養素（可能ならば有機のもの）を与える。添加物や禁止されている動物の部位を成分とする加工度の高い食餌は避ける。

4　獣医によるホリスティックな診療を受け、健康のためのケアや維持を目的としたプログラムをつくる。つまり、最適なケアや食物、ワクチン接種を最小限にすること、またよくある健康面・行動面の問題への対処方法と予防方法について、時間をかけて話し合える獣医を探し、定期的（理想的には六か月ごと）に相談する。

進歩に対する見解

コンパニオン・アニマルを保護する運動は、三〇年以上前に初めてわたしが参加したときと比べると、大幅に前進している。その功績の多くは、世間一般の人たちのものだ。というのも、個人による努力と、

動物シェルターの母イヌとその子どもたち。彼らを待つのは養子縁組か死である。（写真　Foxfiles）

地域のシェルターやさまざまな慈善団体の活動のおかげで、動物福祉に対する一般の人々の関心が高まっているのである。シェルターの施設の改善、訓練をしっかりと積んだ献身的なスタッフ、行動カウンセリング・プログラム、卵巣切除・去勢および養子縁組プログラム、動物を虐待しない研究、法律の厳格な執行、これらに加え、全国の学校で行なわれる人道教育としての福祉活動などは賞賛に値する。

社会は、ともに生きていく動物の欲求や権利、利益を尊重しつつある。コンパニオン・アニマルの時代が来たのだ。

さらに前進するには

とはいえ、イヌやネコなどのコンパニオン・アニマルをとり巻く社会環境や、社会と彼らとの関係は、わたしにとって心配の種であり続けている。

イヌが安全に走り回ったり遊んだりできる開けた緑地がもっと必要だ。また、土地の所有者や大家は、責任ある借家人が複数匹の動物を飼うことに対して、もっと寛大にならなければならない。そして飼い主は、家を「保護」するために、コンパニオン・アニマルを一日中ケージに閉じ込めておくのは残酷なことと肝に銘じるべきだ。

また飼い主は、ネコだろうと、テンジクネズミ、インコ、キンギョだろうと、二匹一緒に飼うことは、一匹だけで飼うよりも動物に優しいことだと心に留めておこう。一匹だと、飼い主が長い勤務時間で留守にしているあいだひとりで残され、社会的なつながりが極端に欠如してしまう。

遺伝子操作された「フランケン・ペット」を飼ってはいけない（遺伝子操作により暗闇で光る魚など、ぞっとするような例がある）。また、ネコやイヌ、ヒツジなどのクローンがつくられている。自然に対するこうした実験が及ぼす悪影響は未知数で、恐ろしいものがある。強い嫌悪を覚える原因はこれだろう。一般市民は、こうした生命科学の産業への応用が道徳的・倫理的にまちがっていると直感的にわかっているのだ。

連邦政府や州政府に、動物や環境保護のための有効な法律を制定し、執行させるよう仕向けるには、まず、議員を教育し、ものごとの関係や全体像を理解させなければならない。自然環境や搾取された動物の置かれた窮状は、命や人や動物への同情と敬意が欠如した、人間の危機的な状況を反映していることを、議員たちは気づかねばならない。

国家の偉大さは、人だけでなく、植物、動物、あらゆる生命との調和のありようで評価できるのである。

国家の安定が地球の運命と結びついているように、文明の未来は、すべての動物や自然環境、残り少ない野生を守るための、効果的な教育や法律の制定・執行に結びついている。

しかし、子イヌや子ネコから、オウムやミニブタ（ポットベリード・ピッグ）などの動物がおもに商品とみなされている限り、また、動物の大虐殺の片棒を担ぐ既得権者からの資金を受けとった者が選挙で当選するのを禁じる法律がない限り、社会の倫理や精神はどこまでも蝕まれていく。

善良な人が行動しないところに、悪がはびこるのである。

11 健康面と行動面に対するホリスティックな手法

二〇〇四年三月から二〇〇五年三月までのあいだ、わたしは新聞の連載「アニマル・ドクター」に寄せられた読者の手紙から、健康や行動についてのさまざまな何百もの問題を記録した。こうした問題の多くは、獣医の治療を受けていても、いろいろな理由から解決されなかったものだ。イヌの健康面の問題のうち、上位五つは次のとおりだ。

1　かゆみ、抜け毛、湿疹、皮膚のむけた部位、肢端舐性肉芽腫（同じところを繰り返し舐めることで生じる、炎症をともなう良性の腫瘍）
2　予防接種や抗ノミ・ダニ剤に対する有害な反応
3　歩行困難、関節炎
4　発作、うっ血性心不全
5　癌

イヌが獣医にかかる理由

アメリカ獣医師会が最近、国内のイヌの飼い主が獣医の治療を求める原因となった一般的な健康上の問題について、次のような発表をした。これは、カリフォルニア州ブレアのベタリナリー・ペット・インシュランス・カンパニーにより編集されたものだ。

・二〇〇五年にイヌが獣医にかかった理由のトップは、皮膚「アレルギー」だった。
・二〇〇四年にイヌが獣医にかかった理由のトップは、耳の感染症だった。
・二〇〇五年にイヌが獣医にかかった理由は次のとおり。①皮膚アレルギー、②耳の感染症、③胃痛、④膀胱の感染症、⑤良性腫瘍、⑥骨関節炎、⑦捻挫、⑧目の感染症、⑨腸炎、⑩甲状腺機能低下症。

屋外を自由に歩き回ることが原因となる健康上の問題（生ゴミを食べることや、ケンカをすること、病気の動物に接触することなどによる問題）を除き、先に紹介した病状はすべて注意深く精査するだけの価値がある。というのも、生活の大部分を基本的に室内で過ごしているイヌで、こうした病状が生じているからだ。

では、これほどの数の健康問題を引き起こす外部要因で、考慮しなければならないものは何だろうか？　わたしがとくにその必要を感じているのは、食物や水、日常の予防薬（とくにワクチンや抗ノミ剤、抗寄生虫剤）の種類と質である。

長いあいだ主張してきたことだが、ほとんどの健康面・行動面の問題は予防することができる。多くの場合、行動についてのカウンセリングを行なったり、イヌやネコの飼い主（とくに新たに子ネコや子イヌと暮らす飼い主）に予防的な健康管理を教えたりしている獣医がホリスティックな手法をとり入れることで、こうした予防が可能になるのである。

こうした手法は、いまでは多くの動物シェルターで実施され、獣医学校では教育カリキュラムや実習に組み込まれ、地域への啓発活動もなされている。

個体ごとに遺伝子の変異があるとはいえ、特定のイヌやネコの品種には、それぞれに特有の遺伝的な影響の受けやすさというものがある。しかし、先に紹介した健康面・行動面の問題（動物の苦しみと飼い主の経済的・精神的負担のもととなる問題）のほとんどは、解決すべきだし、解決できる。これは、獣医によるホリスティックな予防医療や責任ある世話の基本原理をコンパニオン・アニマルと人間との関係に適用することで実現できる。これにより、飼い主や世話をする人は、動物に適切な食物を与えられるようになる。それだけではない。とくに重要なこととして、行動や感情、社会、環境、肉体に関する動物の欲求を理解したうえで適切な関係が築けるようになる。つまり、動物に適切な環境を用意するということである。

このほかに、飼育下にあるすべての動物がもつ権利には、獣医による適切なケアを受ける権利というものが挙げられる。ただし、獣医によるケアは控え目なものから始めるべきで、リスクのある不要な薬やワクチンの処方・投薬（とくに抗ノミ・ダニ剤）には慎重を期す必要がある。こうした薬剤は、誤診断以外では、医療関係者の利益のために「予防」医療*の名のもと不正に投与されているのである。これは、工場式畜産で大量の抗生物質が使用されているのと変わりない。そしてこれによって、世界中の消費者は、薬剤耐性菌に汚染された肉や卵、乳製品によるリスクに晒されている。(イヴァン・イリイチの著書『脱病院化社会——医療の限界』〔金子嗣郎訳、晶文社〕を読まれた方は、長年わたしが正そうと努めてきた獣医界の病巣とそこに書かれたことが似ていると思われるはずだ)。そして、動物の健康と福祉を憂慮しているのは、わたし一人ではない。洋の東西を問わずあらゆる社会に、善良な人々はいるのである。

ワクチン接種にあたって

生後すぐのイヌやネコに、さまざまな病気を予防する混合ワクチンを接種し、その後も毎年、効果を維持するための追加の接種を続けるという慣行は、いまや過去のものになりつつある。これは、おもに二つの理由から来ている。一つは、ワクチン接種によって有害な副作用が生じることがあり、この健康

*疾患につながるワクチン接種の有害な副作用には、脳炎、発作、多発性末梢神経障害(衰弱、協調運動不能、筋萎縮)、肥大性骨異栄養症(歩行困難、関節痛)、自己免疫性甲状腺炎、自己免疫性甲状腺機能低下症、自己免疫性溶血性貧血や免疫介在性血小板減少症に関連する肝臓および腎臓、骨髄の機能不全がある。ある特定の品種は、ほかのものに比べてこうした作用が強く出る場合がある。ワクチンによる副作用への理解を深めていくことが、イヌやネコやフェレットなどのコンパニオン・アニマルへのワクチン接種に対する慎重な態度につながる。

被害が生涯にわたって続く場合もあるということ。もう一つは、生後間もない時期のワクチン接種によって十分な免疫が得られるため、追加の接種をする必要がないことだ。

生まれて間もない（生後一二週齢前の）ネコやイヌへのワクチン接種は、母親の初乳によってもたらされる自然免疫に干渉する可能性があるので控えるべきだ。また、大人の動物であっても、次のような状態にあるときは、ワクチン接種をやめた方がよい。免疫力が低下しているとき（たとえば、病気やケガをしているとき、麻酔をしているとき、卵巣切除や去勢などの外科的な処置を受けたとき）、妊娠や授乳をしているとき、老衰しているときなどだ。

次に示すワクチン接種のプロトコルは、少し異なる形で『アメリカ・ホリスティック獣医師会』誌に掲載されてきた。また、母親のワクチン接種の履歴が不明な動物シェルターでは、さらに別のプロトコルが必要とされている。

ワクチン接種を最小限に抑えるためのプロトコル

- 一二週齢以上――ジステンパー、アデノウイルス、パルボウイルスのみからなる不活化生ワクチン（「コア」ワクチン）を接種し、再接種は行なわない。
- 一二〜一六週齢――狂犬病ワクチンを接種する。法律で許可されている場合、三年ごとにのみ接種する（三年ごとの狂犬病ワクチン接種が許可されていない州や地方自治体があるが、この法律は見直すべきだ）。
- レプトスピラ症ワクチンは、リスクのあるイヌに接種すべきである。接種は、一二週齢と一五週齢と、その一年後に行なう。

・ライム病ワクチンは、リスクのあるイヌに接種すべきである。ただし、細菌ワクチンは免疫複合体病の原因になることがあるため、遺伝子組換えのライム病ワクチンの使用が望ましい。

・免疫状態に不安があるとき、すぐに追加の接種を行なうのではなく、血中の抗体価を測定して免疫状態を評価するべきである。抗体価を測定できない場合は、一年後に再度「コア」ワクチンを接種する。

研究によって、健康なイヌに接種した場合のワクチンの有効期間が明らかにされた。パルボウイルスワクチンは七年間、狂犬病ワクチンは三～七年間、ジステンパーワクチンは五～一五年間（ウイルス株による）、アデノウイルス2型ワクチンは七～九年間有効である。

どんなワクチンでも絶対と言うものはない。というのも、ワクチンに含まれるウイルス株や菌株はものによって異なるし、接種されるほうもストレスの有無や栄養状態や遺伝的素因が異なるうえ、ワクチンによる併発症によって免疫系の機能が損なわれ、病気への抵抗力が低下している可能性もあるからだ。だからといって、ワクチン接種を絶対にすべきではないとか、万一に備えて定期的にワクチンを接種すべきというわけではない。ただ、ワクチン接種は免疫系の機能低下や多くの健康問題――いわゆるワクチン病――を悪化させる場合があるため、新しいプロトコルでは接種を最小限にすることが目的になっているのである。

病原体を媒介する尿

イヌの尿は草や木など植物を枯らしてしまうことがあり、イヌが多数飼われている都市やその近郊で問題となる。こうした地域では、イヌのにおいの境界線が、病気や死の境界線にもなりうるのだ。ジステンパーやイヌ肝炎のような特定のウイルス、人にも感染する恐れがあるレプトスピラ症の寄生虫は、感染したイヌの尿を経由して、近辺のほかのイヌにすばやく蔓延する。尿のにおいを嗅いでいるときに鼻が触れることはよくあるし、ときには尿を舐めたりもするので、免疫のないイヌはこうした病気に感染するリスクがある。そのため、安全なプロトコルにもとづいた効果的なワクチン接種が必要なのである。

予防それとも利益?

人とコンパニオン・アニマルとのあいだに育まれる愛は、心無い者につけ入る隙を与えてしまう。製品やサービスを提供して利益を上げることに関心のある者が、飼い主と動物の両方を搾取しようとする。多くの場合、その製品やサービスは不誠実で、動物や飼い主にとって得策とは言えないものとなっている。彼らは脅迫まがいの手段に訴えたりする(たとえば、ペットにこの新しいフードや病気と苦痛を予防する製品を与えないのなら、あなたは世話をしない無責任な人間だ、などと言ったりする)。彼らは、実際にかかる費用や効用などいっさい考慮に入れず、倫理観の欠落した状態でお金のためだけに働いているのである。

要するに、わたしたちは、心身ともに健康であることの意味についての認識と理解を改めようとしているのである。コンパニオン・アニマルを苦しめる健康や行動の問題——さまざまな面で、わたしたち自身の苦悩や病気を映し出す問題——についての理解を深めていくと、わたしたちは健全で充足感を感じる道を見いだすのかもしれない。

吠えないようにすることの倫理的問題

声帯を除去して吠えないようにすることについてどう考えているか、多くの人に尋ねられてきた。彼らは、この処置が吠え声に苦情を言う隣人の怒りを和らげる方法になるのではないかと聞いてくる。倫理的な観点から言うと、イヌが騒がないようにするためだけに外科的に声帯を切除するのには、わたしは断固反対する。声帯は、イヌがコミュニケーションするのに必要なものだ。何匹ものイヌが、吠え声で寝ている飼い主を起こし、燃えさかる炎から彼らを救っている。イヌの吠え声は、誰かが玄関に来たことを教えてくれる。イヌがしきりに吠えるのは、だいたいの場合、かなり長い時間ひとりきりにされたためだ。不在にするとき、ラジオやテレビをつけておくか、遊び相手となるイヌやネコを一緒に飼えば、彼らは落ち着き、静かになる。

外科手術をしても、ペットの行動面の問題は解決されない。コンパニオン・アニマルを悩ませている根本原因を理解すること、そして動物の感情に共感することが、いちばん確かな解決策なのである。

12 自然なやり方でノミ・ダニ・蚊を防ぐ

Ｓｐａｙ－ＵＳＡ〔動物の避妊・去勢を推進する団体〕が発行する『パウズ・トゥ・シンク』誌に最近掲載されていた記事には衝撃を受けた。コンパニオン・アニマル協議会という獣医からなる団体が、イヌやネコのノミ・ダニを抑制するのに製薬会社の駆除剤を投与すべき、と述べていたからだ。獣医や動物の世話をする人は、いまでは日常的にイヌやネコに投与されている「フロントライン」や「アドバンテージ」といった新しい殺虫剤の使用について十分に注意しなくてはならない。

こうした薬剤を動物に投与してすぐに、発作が起きたり、免疫系に異常が出たり、甲状腺に有害な副作用が出たりするようになったという手紙を、わたしは少なからず受けとってきた。

ノミ・ダニの予防として、子ネコや子イヌのときからこのような駆除剤の投与を容認するのは、獣医による医療過誤なのではないかとわたしは思う。人間の医者であれば、患者が肺炎に罹っているかもしれないからといって、念のために抗生物質などの薬剤を投与したりはしない。

製薬産業は超巨大産業だ。そして、ふつうの商業と同じく、その関心事は自社製品を売ることにある。コンパニオン・アニマルが不要な薬の過剰投与の危険にさらされているのには、こうした製薬産業に一因があると強く感じる。

新しい抗ノミ・ダニ剤は、投与された動物への有害な副作用に加え、気候変動や地球温暖化とも部分的に関連している。また、こうした薬剤（ほかに、イヌのフィラリア症予防薬イベルメクチン）は、投与された動物の糞に排出されるので、糞は野外に残したりトイレに流したりせず、それぞれ分別して生ゴミとともに捨てるようにしたい。

これから詳しく説明するように、ノミやダニを制御するホリスティックな手法は、ネコやイヌに害があるかもしれない抗ノミ・ダニ剤（錠剤や皮膚の点滴薬、スプレー液、液体薬、首輪など）の使用を減らすのに役立つ。こうした新しい薬剤でノミやダニを根絶できるわけではないので、ノミやダニがたくさんいる場合は、これから述べる追加的な手法をとり入れるべきである。ただ、放し飼いの場合、こうした手法の効果は台無しになってしまう。また、首輪式の薬はとくに危険だ。なぜなら、首輪についている薬剤を、首輪をつけている動物だけでなく、一緒にいる動物や人間の子どもが飲み込んでしまうかもしれないからだ。

ノミやダニといったさまざまな寄生虫の成長を阻害し駆除する全身薬は、虫の体内にとり込まれて初めて効果がある。つまりノミやダニは、薬剤が含まれているペットの血液を少なくとも一回は吸う必要があるということだ。だから、こうした薬剤でそれらが媒介する感染症を予防することはできない（ダニが媒介するライム病やエールリヒア症、Q熱、バベシア症、ダニ麻痺、ロッキー山紅斑熱、ノミが媒介する発疹熱の感染のほか、ノミの唾液によるアレルギー性の湿疹を防ぐことはできない）。

気温が下がる冬は、ノミやダニを抑制するのにきわめて有効だが、それらを死滅させられるほど寒くならない温暖な地域では、抗ノミ・ダニ剤の使用による利便性と危険性とを秤《はかり》にかけて、判断したほうがよい。有害な副作用（無気力、神経質・興奮、吐き気、協調運動不全、さらに深刻な神経症状）が出たら、ただちに使用を中止しなければならない。非常に若い個体や、老年や病気、授乳中の動物はとくにリスクが高い。また、ワクチン接種をしたばかりの動物もリスクが高く、免疫系や神経内分泌系に対するワクチンの有害な副作用が抗ノミ・ダニ剤によってさらに悪化する恐れがある。

ホリスティックな手法

ノミ・ダニを防ぐのに、わたしは次のようなホリスティックな手法を用いる。

1　ノミとり用ブラシで毎日ブラッシングする。
2　足の指のあいだや、耳のひだを念入りに調べる。
3　黒くて光沢のある、炭の粉のようなものがないか気をつける。これは、ノミが血液を消化したあとの排泄物で、湿らせた白い紙の上に置くと赤褐色に変化するので判別できる。
4　ノミとり用ブラシにかかったノミやダニは、石けんで泡立てた温水に浸して処理する。噛みついたダニは、できるだけ皮膚に近いところをピンセットでつかみ、垂直に引き抜くようにする。ひねるとダニの首が折れ、頭部が皮膚に残ってしまう。
5　家のなかで動物が行く場所をすべて、毎週、掃除機で徹底的に掃除する。

6　ソファーやカーペットや床など、お気に入りの場所に布を掛けて、ノミの幼虫が隠れられるような溝や隙間を覆う。

7　この敷布は、まるめて熱湯で毎週、洗濯する。

すでにノミやダニが家にいる場合は、動物をほかの場所に移してから、害虫駆除用のくん煙剤を用法を守ったうえで使用するか、専門業者に駆除を依頼する。ただし駆除前に、飼っている動物すべてを比較的安全なピレトリン系のノミとりシャンプーで洗うか、被毛にニーム油とカランジャ油を含む乳液を塗り込む。こうしたくん煙剤や業者による駆除、およびシャンプーや乳液の塗布は、再度行なわなければならないこともある。家のなかの溝や隙間にいたノミの蛹が完全に駆除できておらず、孵化して人や動物を噛むようになることがあるからだ。また、珪藻土《けいそうど》を動物に振りかけると、ノミと幼虫から水分を奪い死滅させられると言われている（鳥はよく砂浴びをするが、羽についたダニを同じ原理で駆除しているのだろう）。珪藻土と同様の物質（ホウ砂の粉）を床やカーペットや壁の溝にまんべんなくまぶし、二四〜四八時間放置してノミを乾燥で死滅させたのち掃除機で吸いとる。ノミが発生する時期はこれを二〜三週間ごとに繰り返すと、ノミのいない状態を保てるだろう。ただし、ペットを放し飼いにすると、体に付いてきたノミやダニで家のなかも汚染される。なかには、こうした砂に合わない動物もいるので、その場合は室内での使用は避けたほうがよい。

ここまでに挙げた駆除法が効かず、ノミがペットに寄生してしまい、毎日ブラッシングしても生活環境に対する駆除法を行なっても効果がないときは、比較的安全なノミとり剤を使用する。たとえば、天然のピレトリンや合成ピレスロイドがそうだ。これらは菊の花の精油に含まれる成分で、ノミを麻痺させる効果がありながら、あらゆる殺虫剤のなかで動物への毒性がもっとも低いとされている。これらの成分を含む製品（スプレーや粉末、シャンプー）を使用しても、一度ですべてのノミを駆除できるわけではないので、ふつうは何度も繰り返し行なう必要がある。

ポーチや庭、テラス、ガレージにある、古いマットやガラクタ、ブラシ、枯れた植物は撤去しよう。こうした場所はノミやダニの温床になりやすく、しかも動物が横になるのが好きな場所でもあるからだ。蚊の発生を防ぐためには、古タイヤや植木鉢など雨水がたまりそうな物をとり除く。さらに、雨どいや排水溝で水の流れの邪魔になる物もとり除き、水がたまりそうな窪みを埋める。紫外線殺虫灯や殺虫剤を使用するのは、たくさんの益虫も殺してしまうためやめていただきたい。その代わりに、忌避剤として使えるシトロネラ油を含むロウソクをテラスや庭に置いたり、ドアや窓の網戸を修理したりしよう。石けん水かサラダ油を入れた大きな浅い皿を用意し、その上に電球（二〇ワット以下）が来るようにして電気スタンドを置いて家を空けると、温められた皿にノミをおびき寄せ、捕らえることができる。これは、くん煙剤の代わりとして、休暇中や、動物が飼われていた家を購入するさいに使用することができる。

花の香りのするシャンプーやハンドソープを温水で薄めて、毎日イヌやネコに噴霧し、被毛にすり込んで自然乾燥させると、害虫に対する忌避剤としての効果が期待できる。また、レモンとユーカリの精油または、ニームとカランジャの精油、ヒマラヤスギとペパーミントの精油（さらには、ここに挙げたものをいろいろと組み合わせたもの）をカップに入れた温かい水に数滴たらし、しっかりとかき混ぜて被毛にスプレーすると、ノミやダニ、蚊をほとんど寄せつけない。とくに耳の先端付近は、虫刺されや肉食性のハエを避けるためにこの方法を試してみるとよいだろう。レモンとユーカリの精油の混合は、人間に使用する蚊の忌避剤ディートの安全かつ有用な代替としてアメリカ食品医薬品局（FDA）により、近ごろ承認された。しかし、ネコはスプレーされたものや塗られた乳液を舐めるので、使用には慎重を期すようにしたい。輪切りにしたレモンをカップに入れ、沸かしたお湯を注いで一晩置いておくと、簡単な非常用の薬になる。これをイヌの被毛に塗りつけ乾燥すると、ノミなどの虫を寄せつけなくなる。

ペット用のベッドに、ニームの葉と樹皮を砕いたものやローズマリーとラベンダーを乾燥させた束といっしょに、ヒマラヤスギの削りくずを詰めておくと、ノミがたかるのを防ぐとともに、ペットにノミが付くのを防ぐ効果もある。わたしが知っている限りでは、このような植物性のものにアレルギー反応を示す動物はほとんどいない。ただ、メグサハッカにはノミを寄せつけない効果があると言われていたが、食べると害になることがあるため使用されなくなっている。

科学的な理由ははっきりしないが、ノミや体の内外にいる日和見的な菌や寄生虫にとって、健康な動物はそうでない動物に比べてあまり魅力的ではないようだ。わたしの連載「アニマル・ドクター」の読者から寄せられたたくさんの手紙がこれを裏づけている。典型的な例を挙げると、ある女性は飼いネコに自然素材を使用した完全にバランスのとれた自家製の食餌を与え、サプリメントとしてビール酵母をあげていたが、彼女のネコには決してノミが付かなかったという。だが隣人のネコは、外出していたのは手紙の主のネコと同じだったが（ネコが出入りできないよう裏庭に囲いをしていなかったのが悔やまれる）、夏の終わりには必ずノミにたかられていた。

わたしは、ビール酵母や栄養酵母（パン酵母ではない）を与えるように勧めている。体重約一四キロあたりにティースプーン一杯程度を毎日の食餌に混ぜて与えてみる。これはビタミンB複合体を摂取するようなもので、ハンターや漁師が実践する虫刺されを防ぐ方法だ。また、体重約一四キロあたりティースプーン一杯のアマニ油も、イヌとネコの皮膚や被毛の状態を改善させる効果がある。しかし、ネコの場合は魚油のほうが高い効果が期待できる。ほとんどの犬種には（ネコに対してではない）、体重およそ一八キロあたりにニンニクひと欠片を刻んで毎日の食餌に混ぜて与えると、ノミのほか日和見的な虫を寄せつけないようにし、さらにそれらへの抵抗力を高める効果もある。

ノミやダニ、蚊、肉食性のハエ、そのほかわたしたちが忌み嫌う昆虫は、人やコンパニオン・アニマルよりもはるか昔からいる。ノミやダニに対するわたしたちの恐怖は、まったく筋が通らないのではないだろうか。わたしたちの恐怖は、利益を追求する多国籍の石油化学会社や製薬会社によって焚きつけられたものだ。それらの企業は、夜な夜なテレビコマーシャルを流す。そして世界中の何十億もの視聴者に、自社の毒薬を購入することが必要で賢明であると刷り込む。わたしたちは、あらゆるものへの害を最小限に抑えながら、こうした生きものを寄せつけないようにすべきであり、これには動物を健康にするホリスティックな手法が欠かせない。この手法は、節度ある自己の利益という究極の共感にもとづいた、ある種の生態学的なかかわり方であり、そこにはコンパニオン・アニマルの肉体的な健康のほか感情的・精神的な幸福が含まれている（この二つは、免疫系が正常に機能するために欠かせないものだ）。

最高の薬は予防である。だが二一世紀、コンパニオン・アニマルを健康にするホリスティックな手法の観点からは、ワクチン接種のプロトコルや、加工度の高い市販のペットフードや、過剰な投薬の見直しが求められている。ノミやダニを寄せつけないようにする、いわゆる予防薬ではとくにそうだ——健康のリスクが少ない、より安全でお金もかからない代わりの手法があるのだから。

13　内分泌–免疫攪乱症候群

内分泌攪乱《かくらん》物質と呼ばれる化学物質は、さまざまな慢性疾患に大きな影響をもたらしている恐れがあり、それはコンパニオン・アニマルやそのほかの動物、人間にまで及んでいる。こうした疾患には、次のようなものがある。アレルギー、慢性の皮膚病、耳や尿路に起こる再発性の感染症やそのほかの感染症、消化器系疾患（慢性大腸炎や下痢、免疫系の障害に関連していることの多い炎症性腸疾患など）、肥満から甲状腺異常などの内分泌異常（とくに膵臓や副腎の異常）まで、さまざまな症状をともなう代謝障害やホルモン障害などだ。

獣医のアルフレッド・J・プレクナーは臨床経験をとおして、血中のエストロゲン濃度の上昇や甲状腺機能障害、コルチゾール産生障害がさまざまな健康問題と結びついていることを突き止めた。これは注意深く検討されてしかるべきで、より詳細な研究や臨床試験を行なうだけの価値がある。プレクナーは、コルチゾンを微量に投与する利点を主張している（甲状腺ホルモンの代用薬と組み合わせて使うことが多い）。これは、わたしが「内分泌–免疫攪乱症候群」と呼ぶ症状に苦しむ動物にも同じことがあてはまる。この症候群は多くの動物に見られるにもかかわらず、まだ十分に認識されているとは言えない。しかし、長期にわたるコルチゾンの投与は、この症候群を悪化させる恐れがある。とくに、動物の免疫系および肉体的・精神的な健康の全般を向上させるホリスティックな手法を行なっていない場合に、そうなる可能性は高い。

ワクチンや抗ノミ・ダニ剤といった動物用薬剤の有害な副作用のほか、さまざまな食物や食品添加物への過敏症は、内分泌－免疫攪乱症候群の間接的な要因になっているかもしれない。新聞連載の読者から、従来のような獣医の治療では一時しのぎにしかならない、慢性的で難しく複合的な健康問題を抱えているイヌやネコを心配する手紙がたくさん送られてくる。

ホルモンバランスの乱れや、これに関連する神経系や内分泌系、免疫系の機能障害は、おそらく環境に端を発するものだろう。とくに食餌や水に含まれるダイオキシンやポリ塩化ビフェニル（ＰＣＢ）、ヒ素、さまざまな殺虫剤といった内分泌攪乱物質が原因だと思われる。生物濃縮をとおして、このような化合物は、コンパニオン・アニマルや（魚貝類も含む）家畜、さらには食物連鎖の頂点に位置する野生生物や人間のさまざまな内臓に蓄積される。内分泌攪乱物質の多くは脂溶性のため、とくに動物の脂肪組織や脳、乳腺、母乳に蓄積されていく。

インターネットで検索したり、環境毒性学の領域の文献や進行中の研究を調査したりすれば、環境中のいたるところに内分泌攪乱物質が存在していることがわかるだろう。そのおもな発生源は、工業汚染（発電所や焼却炉、製紙工場から、化学物質を使用する工業的農業まで）と、未処理または処理の不十分な汚水である。また、多くの家庭用品や医用品のなかにも見つかっていて、とくにプラスチックや衣料品、床材、缶詰の内側のコーティング材に含まれるほか（顕著なものは、フタル酸エステル類とビスフェノールA）、人やコンパニオン・アニマル、家畜が口にする食物や水のなかにも存在することが確認されている。

新たな内分泌攪乱物質も次々に見つかっていて、それらは人間の母乳、幼児の臍帯《さいたい》血、ワニや北極のアザラシなど「指標」となる野生動物でも検出された。アメリカ地質調査所の汚染生物学プログラムの研究によって、PCBで処理された魚では安静時の血中の副腎皮質ホルモン濃度が低く、ストレス応答および免疫反応が阻害され、病気への抵抗力が低下することがわかった。PCBは神経細胞の副腎皮質ホルモンに対する反応性を低下させるが、これは血中の副腎皮質ホルモン濃度に対する負のフィードバック調節の攪乱と関連しているのだ。こうした内分泌攪乱物質に関する知見と、プレクナーの患者（相乗効果により毒性が増す可能性のある複数の内分泌攪乱物質に確実に晒された患者）で見られた血中の副腎皮質ホルモン濃度の低下に関する知見とを関連づけられると、わたしは考えている。また、アメリカ地質学調査所は、避妊薬に使用されるエストロゲンが河川の水に含まれているのを発見してきた。

内分泌攪乱物質は、内分泌系（エストロゲン、プロゲステロン、糖質コルチコイド、レチノイドなど）や免疫系の機能を乱すだけでなく、行動や神経や発達に重大な障害を引き起こすこともある。また、肥満とも関連があるほか、動物がワクチンやそのほかの生物製剤、薬剤に有害な副作用を起こすことにも影響している可能性がある。

獣医がこの内分泌‐免疫攪乱症候群の対処に努め、さまざまな慢性疾患に罹った動物を治療するさいには、この症候群を考慮に入れるべきだ。手始めに、現場の獣医が飼い主に、病気または健康な動物に（ホリスティックな健康管理の一環として）きれいな水や認証された有機食品を与えるように勧めるべきだろう。この有機食品には、除草剤や殺虫剤などの農業用薬品や、動物用医薬品（合成ピレトリンも強力な内分泌撹乱物質）に晒されていない、有機の食餌で育てられた若い動物に由来する動物性の脂質やタンパク質の食餌が含まれる。食餌に海産物を入れる場合（とくにネコの餌には）、マグロやサケのような食物連鎖の高位の種は避けるべきだ。同じように、生物濃縮を考えると、有機畜産には魚粉を使用するべきではない。また、市販されている多くのドッグフードやキャットフードには、大豆など植物性タンパク質が大量に含まれている。大豆製品には植物エストロゲンが多く含まれているため（この点でも、遺伝子組換え大豆は大きな問題をはらんでいる）、内分泌‐免疫撹乱症候群を発症していると思われる動物には、植物エストロゲンが含まれる植物性タンパク質を使用したフードを避けることを勧めたい。また、健康なネコには、おもなタンパク質源として大豆を多く含むフードを与えないようにする。

一方、雑食性のイヌにはこうしたリスクはネコよりも少ないだろう。

シェリー・A・ロジャーズとロジャー・V・ケンダルが詳述している異物の解毒酵素や治療用の栄養補助剤は、内分泌‐免疫撹乱症候群の可能性のある慢性疾患の動物の治療として検討してみる価値がある。これには、アマニ油などに含まれる必須脂肪酸や、消化酵素（たとえば、パパインやブロメライン）、ビタミンA、ビタミンB複合体、ビタミンC、ビタミンE、α‐リポ酸、L‐カルニチン、L‐グルタミン、タウリン、グルタチオン、ジメチルグリシン、コエンザイムQ10、ビオフラボノイド（ビタミンP）、セレン、銅、マグネシウム、亜鉛などがある（品種によって、毒性に対する感受性が異なるので注意が必要である）。

素材をそのまま使った味気のない自然食を三～五日間与えることでも、解毒作用が期待できる（ただし、食物に対する過敏症を個々に考慮する必要がある）。そうした自然食には、ニンジンやジャガイモなどの野菜を蒸したもの、加熱した大麦や押しオーツ麦、少量の有機鶏や卵、粉末の昆布、アルファルファ、カモジグサの新芽、オオアザミなどがある。ネコの食餌には、動物性タンパク質が少なくとも全量の三分の二は含まれなくてはならない。イヌの場合は、食餌の量の三分の一で十分だ。こうした浄化用の食餌のあと、自家製のバランスのとれた食餌を与えるようにしたい。場合によっては、解毒用の食餌を与える前に、二四時間の絶食期間を設けたほうが効果的なときもある。ただし、絶食すると危険なネコもいることには注意していただきたい。

芝や庭に使う殺虫剤やそのほか家庭用の化学物質、なかでも石油製品は、内分泌攪乱物質である可能性があるため使用を控えるようにしたい。食品を入れるプラスチック容器も同様に避けたほうがよい。また、新しいカーペットやイヌ・ネコ用のプラスチック製のオモチャ、防汚加工が施された繊維製品や室内装飾品もまた有害である恐れがある。

内分泌‐免疫攪乱症候群が蔓延していることを示す医学的・獣医学的な証拠は、ほぼまちがいなく政治的・経済的な理由のために覆い隠されている。アメリカで政権が交代しても、当局が危険な農業用化学物質や工業汚染を段階的に規制し、強力な内分泌攪乱物質（ダイオキシンやＰＣＢ、ＰＢＢ〔ポリ臭化ビフェニル〕）から消費者を守るための行動をなかなか起こそうとしないのも無理はない。とりわけこうした物質は、生物濃縮をとおして動物由来の食物を汚染している――そして、生産プロセスで廃棄される部位はペットフードや家畜の食餌に再利用される。

14 すべての生きものに、きれいな水を

地球のどこであろうと、きれいな水を見つけるのは簡単なことではない。それは、地球上のいたるところが化学物質によって汚染されているからだ。殺虫剤、鉛や水銀などの重金属、パイプから溶け出す銅、ヒ素化合物で汚染されていたり、場所によっては放射性物質が漏れ出していたりすることもある。また、過剰な硝酸塩やリン酸塩〔ともに化学肥料の成分〕、有害な恐れがある細菌などの微生物、人間や動物から排出された医薬品、さらには産業汚染物質（とくにダイオキシンやPCB）が含まれていたりする。また、空気が汚染されていると、雨、ひいては湖や海を汚染し、それが蒸発による水循環と毒物を含んだ雲の形成をとおして今度は雨を汚染する。

水処理施設や（逆浸透、紫外線とオゾンによる消毒、イオン交換、活性炭濾過《ろか》フィルターなどの）水質浄化システムでは、深刻な健康問題を引き起こす可能性のある汚染物質を完全にとり除くことができない。広く利用されている塩素消毒は殺菌効果があるが、別の問題の原因になる。とくに、高濃度の有機汚染物質が自然に発生しているとき問題は深刻で、高発癌性のクロロフォルムやトリハロメタンが生じる。これらの物質は実験動物において、腎臓・肝臓・大腸の腫瘍のほか、腎臓・肝臓・脳の損傷、出

産や胎児での異常が認められている。クロラミンによる水の殺菌は塩素に代わる安全なものとして期待されているが、きわめて有毒なヨード酢酸やハロ酢酸もいっしょに発生してしまう。

水のなかのフッ化物と、そのほかの問題

こうした処理水に含まれる有害な物質と汚水とが組み合わさると、フッ化物の増加につながる。フッ化物は、リン酸肥料の製造過程で出る副産物であるほか、歯の強化や虫歯の予防に使われる。歯に使用されるためは、フッ化物を直接、歯に触れさせなければならない。けれども、フッ化物を摂取しても、何ら効果がないことが研究により明らかになっている。

むしろフッ化物は、歯のシミやそのほか多くの健康問題――とりわけ、骨粗鬆症《こつそしょうしょう》や関節炎、腎疾患、甲状腺機能低下症――の原因となる可能性がある。ほかにも、消化器の不調やアレルギー性の皮膚反応、子どもの認知機能の低下、思春期の開始を調整する松果体の障害とも関連づけられているほか、癌を引き起こす恐れもある。水道水に含まれるフッ化物は、骨肉腫との関連が指摘されており、なかでも若年の男子でその傾向が強い。とくに懸念されるのは、すでに何らかの腎疾患に罹っている場合で、腎臓の排出機能が損なわれることにより、体内にフッ化物が蓄積するようになる。

わたしが懸念していることとしてほかに、汚水処理に使用されるポリ塩化アルミニウムなどのアルミニウム化合物や、陰イオン性および陽イオン性の乳化剤、粉末ポリマー（とくにポリアクリルアミド）の使用が普及していることがある。家禽の屠殺・包装工場からの廃水など、さまざまな廃水の凝集凝固

剤として使用される薬剤は、そうした施設の廃棄物にも含まれ、さらにその廃棄物は肥料や家畜の餌などのいろいろな用途に再利用されている可能性がある。そのため、アクリルアミドは発癌性があり、遺伝子を傷つけ、神経性の問題や出生異常の原因となる恐れがあるにもかかわらず、わたしたちの食べ物や飲み水に含まれているかもしれない。フッ化物はアルミニウムと結合し、フッ化アルミニウムとなる。フッ化アルミニウムは、アルツハイマー病との関連が疑われているほか、ホルモンや神経信号の伝達に干渉することがある。汚水のもつ健康への危険性を、水処理によって別の危険性に置き換えるというのは賢明だとはとても言えない。そのため、水処理や水再生や浄水のシステムと、廃棄物の管理や処分のシステムを、微生物や生態を活かした自然でより安全な、費用対効果にすぐれたものへと早急に移行させる必要がある。

こうした理由から、すべての人がきれいな湧き水（アメリカの衛生基準をクリアするには砂濾過が必要となる）を飲むこと、コンパニオン・アニマルにも同じものを与えることを勧めたい。とくに、いろいろな健康上の理由から水をたくさん飲んだり、腎臓機能が低下したりしている場合には、そうするようにしたい。

ほとんどの湧き水や、人里離れた場所（高地や氷河など、工業や農業がなされている場所から遠く離れた水源）の水に含まれるたいていのミネラルは非常に健康によい。だが、過剰に摂取しないように気をつける必要がある。微量栄養素のバランスが悪くなり、尿結石を引き起こすかもしれないからだ。また、精製された水にはこうした必須のミネラルがほとんど含まれていないため、骨粗鬆症などの健康問題につながる恐れがある。

水たまりに潜む危険

イヌは野外の水たまりや池の水を飲みたがるが、これはやめさせたほうがよい。なぜなら、このような淀んだ水は、道路からしみ出した多数の化学物質でひどく汚染されている場合があるからだ。それ以外にも、さまざまな病原体（ジアルジアやクリプトスポリジウムといった原虫、ボツリヌス菌、死に至ることもあるピシウム感染症の原因カビ、人の糞便性細菌）や、インフルエンザのように周期的に流行する食中毒を起こす家畜の排泄物、芝生や庭、ゴルフ場、とくに農地で使われる殺虫剤などの有害な化学物質にも汚染されている危険性がある。

人間は、水の惑星である地球の水循環系を乱し、汚染してきた。その代償として、自らの健康を犠牲にするだけでなく、わたしたちと同じように水を必要とするほかの生きものをも犠牲にしている。その多くは、汚染された地表の水で生活しており、そこから逃れることができない——それはわたしたちも同じだ。

わたしたちは、こうした毒を飲んでいる。それはかつて、自然や生態系が吸収し、薄め、中和すると考えてられていた。しかし、じっさいはちがう。人間やクジラの母乳を化学分析すれば、はっきりとわかるはずだ。それでも、長期的な解決策はある。これは、水浄化や海水を脱塩するための科学技術を超えたものだ（こうした技術では、安全で持続可能な飲用水の水源を次世代に保証できない）。長期的な解決策には、農薬（除草剤や殺虫剤、防カビ剤）を使用しないことや、芝生、庭、ゴルフ場、農場に使用する化学肥料をやめることなどがある（持続可能な有機農業は未来への希望だ）。ほかにも、廃棄物の処分や焼却、エネルギー、石油化学、紙、プラスチックのような消費者中心の産業を再構築し、汚染物質の排出量（ひいては、わたしたちの食物や水に混入する量）を削減するほど利益が増えるようにして、地球そのものや、そこに暮らす生きものの健康や活力、品位や美を損なわずには再利用ができない製品を市場に出さないように方向づけるといったことが挙げられる。

行動を呼びかける

もはや水を、永遠に回復し続ける無尽蔵な天然資源とみなすことはできなくなった。あらゆる生きものの生命線である水を、わたしたちは軽率にも浪費し、汚染してきた。それは、わたしたちの首を絞め、命あふれる地球を破滅させかねない。蛇口や井戸から来る水は飲んだり動物に与えたりできるほど安全とは思えないし、水浄化と水質評価の科学は十分に発達しているとは言えない。

それでもわたしたちには、水道局に家庭用水の水源を定期的に調査してもらい、その結果を公開させる権利がある。さらに、監視や法律の執行によって、芝生や庭から、またそのほか個人の活動や農業などのさまざまな産業からの汚染水が生態系に放出されないように要求する権利もある。

ここ一〇年ほどで、知識をもつ消費者の増加とともに有機食品市場が拡大してきた。ちょうどこれと同じように、次の一〇年では、さらに情報通の消費者がきれいな水を求めるようになるはずだ。なかには、太古の泉や、もっと遠隔の高地にある水源、氷河の源、汚れのない持続可能な地下深くの帯水層などの、混じりけのない水を求める向きもあるだろう。しかし、こうした水源は永久に続くわけではない。わたしたち一人ひとりに、水を節約し、汚染をやめ、あらゆる命を支える水資源を敬意と感謝の気持ちをもってとり扱う責任がある。

アメリカ北部の州には、農業や産業、下水による川の汚染、および作物栽培や乳製品などの畜産物製造のための分流やダム建設による河川の過剰揚水を、ただちに削減する責任がある（こうした農業・産業は、数十年にわたりアメリカ陸軍工兵隊によって促進されてきた。彼らは、フロリダのエバーグレーズの生態系を完全に破壊して、製糖と畜産、工業規模の果樹園と大農場をつくった。それには、オオカミやオオヤマネコ、フロリダ・パンサー、ムササビ、ハナグマなどが巻き込まれた）。北米大陸を南へと流れる水系は汚染され、ここから取水する南部のすべての州にその危害が及ぶ。そして、この水系の行きつく先はメキシコ湾である。このロードアイランド州と同じ面積をもつ湾は、海洋生物学者やこの地域の漁業関係者によると、あまりに汚染がひどく、生きものがまったく居つかないという。

自らや家族、コンパニオン・アニマルの健康について心配する人は、品質の高い水を購入することが賢明であると知り、水道水が飲んでも安全だという誤った考えを捨て去るはずだ。水の質と安全性とを考えることで、わたしたちの意識は高まり、水の状態を知ることで、わたしたちが地球や自分自身に害を及ぼしているという事実をはっきりと認識できる。地球と人間の関係のように、陸地の生態系と水中の生態系とは相互依存の関係にあり、空気と水の質とで結びついている。したがってわたしたちは、あらゆるものの利益のために、空気と水の質を改善し維持していかなければならない。

15 正しい食餌

市販フードの恐怖

もし消費者が、市販されている多くのペットフードの成分を知ったら、きっと憤慨するにちがいない。そのほとんどに工場式畜産農場から出る動物の一部が含まれているけれども、それらは安全面で人間の食用には適さず使用が禁止されているものだ。これを肥料として庭にまくのも嫌だろうが、それは最愛のペットの食餌となっているのだ。

アン・マーティンは著書『食べさせてはいけない！――ペットフードの恐ろしい話』〔北垣憲仁訳、白揚社〕のなかで、この問題に関する不穏な調査結果を克明に記した。マーティンが強調しているのは、フードに使われる多くの原料は、人を対象とした食品産業や飲料産業から出る廃棄物がおもであり、それらには必須となる栄養素が不足しているということだ。ペットフードの製造業者は、合成添加物や栄養補助剤を入れることで不足の栄養素を補う。また、高温で加工処理するため、熱で変性する栄養素は破壊されてしまう。さらに、安定化剤として（とくにドライタイプやセミモイストタイプのフードに）

添加される保存料によって、フードは化学物質まみれとなり、化学物質過敏症や食物アレルギーの原因になりうる。一九九七年に発行されたマーティンの著書の第一版に推薦文を寄せると、なんとわたしは懲戒的な謹慎処分を科され（そして基本的に黙殺され）、二〇〇二年にアメリカ動物愛護協会を定年退職するまで、当時の会長によってわたしの給料は凍結されてしまった。ペットフード産業からの抗議文を受けとった上司が、業界からの資金提供を守ろうとしていたのだ。

コンパニオン・アニマルの食餌に新たな希望

ペットや人用の認定有機食品という、隙間《ニッチ》産業ながらも拡大基調にある市場がある。そして、コンパニオン・アニマルのための手づくり料理について、獣医や動物栄養士によるすぐれた解説書も数多く発行され、イヌやネコのために栄養バランスのとれた食餌を一からつくるためのレシピが紹介されている（本章で基本的なレシピを紹介しているが、アン・マーティンの著書にあるレシピも参考にしていただきたい）。

この新しい手法は、誠実な飼い主がコンパニオン・アニマルに健康的な栄養を与えるうえできわめて好ましいものとなるだろう。ほかの手段として、適切な栄養科学にもとづいてつくられた市販の高品質の有機フードを購入してもいいし、添加物を含まない自家製の食物と市販されている有機ドライフードとを組み合わせて与えてもよい。ただし、穀類の副産物が原材料リストの初めのほうに表示されている市販フードは避けること。このようなフードは、デンプン類が過剰に含まれる一方、必須脂肪酸が不足している。また、セミモイストタイプのフードは、保存料や合成着色料がかなり含まれているので控えるようにしたい。

多くのイヌでは、モイスト、セミモイストタイプのフードを与えられていると、歯に問題が生じる。ビスケットやボール一杯分のドライフードを食欲があるときに（食べ過ぎないように）与えて咀嚼《そしゃく》をうながす、またはドライフードと缶詰のモイストフードを一緒に混ぜたものを与えると、歯を清潔に保ち、歯石がつかないようにすることができる（小型犬のなかには、歯ブラシで定期的にブラッシングする必要がある場合もある）。すべてのイヌに、歯茎や歯を清潔かつ健康に保つために、安全に噛めるものを与えなければならない。大型犬には、ビスケットや加熱調理されていない生の髄骨が理想的だ。しかし、これ以外の種類の骨は決して与えてはならない。そうした骨は粉々に砕けて、消化管をひどく傷つけてしまうかもしれないからだ。

正しい食餌で、正しいスタートを

子イヌは、生後五～七週間で徐々に母親から引き離すようにする。でないと、あとになって行動上の問題を抱えてしまうこともある。離乳したあと最初の三か月間は日に四回、少量の食餌を、さらに生後六～八か月間は日に三回の食餌を与える。一歳になるころには、ほとんどの場合、一日に一回の食餌で十分だが、朝起きてすぐに軽い食餌を好んで食べるイヌもいる。食欲と規則正しい排泄を維持するために、決まった時間に与えるようにしよう。

子イヌの成長には、成犬の健康維持と比べ、タンパク質などの栄養素が多く必要となる。子イヌには、すべての必要な栄養がバランスよく含まれた市販のフードだけを与えるようにする。そのためには、その成分表示を確認すること。市販のドッグフードの多くにはこうした記載がある。

子イヌには、肉だけの食餌を絶対に与えないようにする。というのも、必要な栄養素が足りず、深刻な栄養障害を起こす可能性があるからだ。また、早いうちから、子イヌに何種類かのドッグフードに慣れさせるようにしたい。だが、ペットフードを頻繁に変えていると、急性の消化不良になってしまうこともある。ひどい場合は、食物の好みがうるさくなり、好きなものだけをもらえるようあなたにそれとなく働きかけることもある。これは、イヌにとっても好ましくない。

手づくりの食餌

コンパニオン・アニマルに家庭で調理した食餌、それも理想的には地元でつくられた有機食材を使って調理した食餌を与えるのは大切なことだ。というのも、食べ物に関連した健康問題、たとえば特定の材料に対するアレルギーや消化器の不調が起こっても、何を食べさせたかを把握できているからだ。加工された市販フードの多くには、食品産業から出る廃棄物、それも人間には適さず危険だと考えられているものが含まれるが、あなたにはそれがどのような物質かまったくわからないのである。市販フードのほとんどには、ＢＨＡ〔ブチルヒドロキシアニソール〕やＢＨＴ〔ジブチルヒドロキシトルエン〕、エトキシキンなどの合成保存料が使用されている。ＢＨＡは膀胱癌や胃癌と関連があり、ＢＨＴは膀胱癌や甲状腺癌を引き起こす危険性がある。また、エトキシキンはモンサント社が製造し有害だとされる化合物の一つで、肉と家禽の加工業者が、脂肪や獣脂の悪臭を抑えてペットフードに入れられるようにするために添加している。エトキシキンは、有害な化合物で毒性の高い殺虫剤だ。

フォックス博士のレシピ——イヌのための自家製自然食品

ここでは、自宅でつくれるドッグフードのレシピを紹介しよう。

玄米　3カップ〔1カップ＝240ミリリットル〕（大麦、押しオーツ麦、パスタでも可）*
植物油　大さじ1杯（アマニ油、紅花油でも可）
麦芽　大さじ1杯
リンゴ酢　大さじ1杯
ビール酵母　小さじ1杯
骨粉または炭酸カルシウム　小さじ1杯
乾燥コンブ　小さじ1杯
赤身の牛挽肉　450グラムほど（または、ラム挽肉、マトン挽肉、丸ごとの鶏、小型のシチメンチョウの半身でも可）

*約一四キロ未満のイヌや、肥満や活動的でないイヌには、1カップの米か生大麦を使用し、水を2カップに減らす。

すり下ろしニンジン（生）　1カップ（サツマイモ、ジャガイモでも可）

鍋にすり下ろしニンジン以外の材料を合わせ、浸るまで水を加えて（8〜10カップ程度）、かき混ぜながら煮立てる（加熱中に水気が足りない場合は追加する）。鶏肉を使う場合は、骨をとり除くこと（砕けた骨で消化管が傷つくことがあるため、調理した骨を食べさせないようにする）。粘り気が出てパテ状になるまで加熱する（粘り気が足りない場合は、ふすまかオートミールを加える）。火からおろしたあと、まだ熱いうちに1カップのすり下ろしたニンジンまたはサツマイモまたはヤマイモを入れ、よくかき混ぜる。出来上がったフードは、体重一四キロ程度のイヌに対してカップ1杯分与える。これにほかの食餌を足して、一日に必要な食餌量にする。残ったフードは小分けにして冷凍庫で保存する。与えるさいは解凍してもよいし、凍らせたままでもよい（暖かい日に野外でかぶりつかせるといい）。

変化をつけるために、肉の代わりに、レンズ豆、ヒヨコ豆、アオイ豆などの豆類を十分に加熱してカッテージチーズを加えたものや、卵12個を使用してもよい。理想的には、すべての材料は認定有機食品を使用するのが望ましい（大豆、牛肉、卵、小麦、乳製品などの食材にアレルギーや過敏症を発症するイヌがいることに注意しよう）。

サプリメントとして、体重約一四キロあたりに0・5カップを一日二回、毎日与え、それと同じ量を差し引いて従来のフードを与える。七日間かけて、レシピのフードの量を増やし、そのぶん従来のフードの量を減らしていき、新しいフードに慣れさせる。これには、急激な変化で腹の調子が悪くなるのを防ぐ意味もある。

このレシピのフードのみを与える場合は、体重約一四キロあたり1カップを日に二度与える。食欲や、体重の増減によって量を調節する。

変化をつけたり、栄養の偏りを避けたりするために原料を変えることや、食べる量が過剰になったり不足したり（平均的には、体重約一四キロあたり、1カップを日に二度が基準）しないよう体調をしっかり観察することをお勧めする。

年齢や体質、活動量、健康状態により、個体によって必要な栄養がわずかにちがってくることに注意してほしい。

◇◇

ペットフード最大のリコール（回収）——求められる綿密な調査と説明責任

二〇〇七年三月、カナダの工場でつくられたペットフードが汚染されており、そのフードを食べたペットに致命的な急性腎臓病を発症する危険性があったことが、飼い主たちの知るところとなった。製造元のメニュー・フーズ・インカム・ファンド社は、汚染された有害な六〇〇〇万個の缶詰と袋詰のキャットフードおよびドッグフードを回収した。メニュー・フーズ社は二〇〇六年に、一〇億個以上のドッグフードとキャットフードを製造しており、これらは、固有のブランドをもつペットフード会社や、量販店に納入され、プレミアム・ペットフードやプライベートブランド品などの、さまざまなラベルを貼られて販売された。これでは、ラベルを信用できなくなってしまわないだろうか？

しかも、メニュー・フーズ社が製品についての多数の苦情を受けてからアメリカ食品医薬品局（ＦＤＡ）に届け出るのに三週間を要しているが、その間、同社は約五〇匹のネコとイヌでこの製品をテストしていた（結果的にこのテストはまったく無駄な苦痛と死を動物に与えただけだった）。このような企業をどうしたら信用できるというのだろう。さらに、メニュー・フーズ社の最高財務責任者は、この大量リコール事件が起こる三週間前に、自身が保有する自社株の約半分を売却していた。これは、報道関係者のあいだで「身の毛のよだつ偶然」として知られている。

これは、ペットフード業界史上最大のリコールになった。このリコールは、次に示すような一〇〇近くのブランドや販売業者に波及した。有名ブランドには、アイムス（Iams）、ユーカヌバ（Eukanuba）、ニュートロ（Nutro）、ヒルズ（Hills）、ニュートリプラン（Nutriplan）、ロイヤルカナン（Royal Canin）、ペットプライド（Pet Pride）、ナチュラルライフ（Natural Life）のドッグフード「ベジタリアン（Vegetarian）」、ユアペット（Your Pet）、アメリカズ・チョイス・プリファード・ペット（Americas Choice, Preferred Pet）、サンシャインミルズ（Sunshine Mills）などがあった。量販店では、ペットスマート（PetSmart）、パブリックス（Publix）、ウィン・ディキシー（Winn-Dixie）、ストップ・アンド・ショップ・コンパニオン（Stop and Shop Companion）、プライス・チョッパー（Price Chopper）、ローラ・リン（Laura Lynn）、Ｋマート（Kmart）、ロングス・ドラッグ・ストアー・コーポレーション（Longs Drug Stores Corp.）、ステーター・ブロス・マーケット（Stater Bros. Markets）、ウォール・マート（Wal-Mart）などのプライベートブランド品が該当し、おもに缶詰（モイストタイプ）のキャットフード、ドッグフードが多数含まれている。ふつうは、それぞれのブランドに多種多様なキャットフード、ドッグフードが存在しているので、これを考慮すると、今回のリコールで何百という種類のペットフードが回収されたことになる。

ＦＤＡには、ペットフードの回収を製造元に強制する権限はない。ＦＤＡから書面による要求通知が送られたのを受けて、すべての回収が「自主的」に行なわれる。また、ペットフード製造業者については、ＦＤＡへの即時報告は義務づけられていないうえ、報告がない場合の罰則もない。

リコールが開始されるとすぐに、わたしのもとにはイヌやネコの飼い主たちから「ペットの命を助けてくれた」ことへの感謝の手紙が届くようになった。というのも、彼らは、わたしが獣医として数年にわたって主張し続けていた自家製フードを食べさせていたからだ。その一方で、コンパニオン・アニマルが苦しんだり死んだりしたことをつづった数件の手紙や、飼い主たちの不信や憤り、経済的そして感情的な痛手について書かれた手紙も届いた。多くの人が、三〇〇〇～五〇〇〇ドルにのぼる治療費を請求され、クレジットカードローンを組んで法外な金利を支払う羽目になった。

二〇〇七年三月二十三日、ニューヨーク州の農業・市場省は、中国から輸入した小麦グルテンから殺鼠剤《さつそざい》アミノプテリンを検出したと公表した。当初は、これが原因であると考えられた（当時は、犠牲となった北米のイヌやネコの数をまだ把握できていなかった）。

わたしや、アメリカ動物虐待防止協会とアメリカ獣医内科学会に所属する獣医毒性学の専門家は同じ不安を抱いていて、多くのペットを病気にし、死に至らしめる汚染物質が、アミノプテリン以外にもいくつかあるのではないかと懸念していた。専門家には、この話が殺鼠剤で終わりになるとは到底考えらなかったのだ。

三月三十日、FDAは、小麦グルテンのなかに、メラミンと呼ばれる広範囲に使用される化合物が見つかったことを報告した。メラミンは、プラスチックの製造や、木材用の樹脂接着剤や保護剤に使用される。FDAは、メラミンがイヌやネコに生じた健康被害の原因だと断じた(この時点でも被害の実態は未集計だった)。FDAが分析した限りでは、殺鼠剤アミノプテリンは検出されなかったが、カナダのゲルフ大学の研究室では、殺鼠剤の存在が確認された。

アメリカ環境保護庁は、メラミンが汚染物質であり、シロマジンなどの複数の農薬から派生する副生成物であると断定した(こうした農薬は、散布後植物により吸収され、その植物を摂取した動物の体内でメラミンに変換される)。人々は、小麦グルテンはさらにほかの農薬にも汚染されているのではないかと疑いを抱くようになっていた。故意による汚染の可能性はあるのか? または、ひどい運営や、食品の効果的な安全と品質の管理が欠如していたために、FDAが分析した小麦グルテンのサンプルに六・六%ものメラミンが混入してしまったのか?

小麦グルテンは、人が食べることを想定したものだ。だから、今回の輸入小麦グルテンがペットフードに限定されていた理由が何であったのかという疑問が残った。

四月三日、AP通信社は、アメリカの輸入業者であるケムニュートラ社(ラスベガス)と明示したうえで、同社がペットフード会社三社とペットフード原料卸一社に納入した八七三トンの小麦グルテンを回収していたと報じた。

四月六日、FDAの獣医スティーヴン・サンドロフはCNNの取材に対し、中国から輸入された汚染小麦グルテンに含まれるメラミンは、じっさいのところ「安価な増量剤」として添加されたのではないかと語った。だが、メラミンの結晶は尿素から化学合成される窒素化合物で、決して安いものではない。ファイン・ケム・トレーディング社の特別価格リストでは、中国のメラミン価格は一トンあたり一一三〇ドルとあるが、他社の価格リストで中国の小麦グルテンは一トンあたり約七五〇ドルだった。

どのようにしてメラミンが小麦グルテンに混入したのかはいまなお解決していない。多くのイヌやネコが病気になり、腎不全によって死亡したおもな原因がメラミンであるとすることに、いまだ納得していない毒性学者もいる。

サンドロフは、「メラミンはそこまで毒性の高い化学物質ではない」と言う。中国から輸入した八七三トンもの小麦グルテンからメラミンが見つかったため、さらにそれを膨大な量のペットフードに混ぜたとなると、回収されるフードは相当な量にのぼるはずだ。そのためメラミンは、件《くだん》の小麦グルテンが使用されていることを示す明確な指標にはなるが、多くの動物を病気にし、死に至らしめた主因ではないのだろう。

メニュー・フーズ社の大規模な有毒ペットフード事件は、二つ以上の有害な添加物または汚染物質がかかわっていたが、これら複数の汚染物質による相乗効果が原因となったのかどうかはいまなおはっきりしていない。二〇〇四年に、タイで製造されたペディグリー・ペットフーズ社のドライタイプのキャットフードまたはドッグフードを食べたペット(とくに子イヌ)が腎機能障害を起こしたという訴えがアジア九か国で起こり、大規模なリコールになった。ここで問題なのは、十分な情報公開がまったくなされていないことだ。この多国籍企業は、原因となった毒物をいっさい明かしていないのである。

今回、次のような懸念を反証できないのであれば、FDAはこれらに対処するべきだろう。

1　中国から輸入された小麦グルテンが人間の食用でなかったのは、それに遺伝子組換え小麦が使われていたからではないかと、わたしは思う。FDAは、こうした「フランケン・フード」が動物に与えられる問題についてはまったく向き合おうとはしていない。一方で、人間の食用となるといくつかの制限を設けている（しかし、適切な食品表示については拒否している）。

2　殺鼠剤のアミノプテリンは、分子生物学では代謝拮抗剤、葉酸拮抗剤として使用されている。これが原因で、輸入小麦グルテンにアミノプテリンが含まれていた可能性がある。

3　メラミンは、プラスチックや木材の保護剤の成分であり、強力な殺虫剤シロマジンの原料である。遺伝子組換え小麦が自ら内部に、殺虫剤としてメラミンをつくり出していたということもありうる。殺虫成分のBtと同じようなものだ〔Btは、バチルス・チューリンゲンシスという細菌がつくる天然の殺虫成分〕（遺伝子組換えによりこのBtを自らつくり出すよう改変された穀類や作物が、家畜に与えられている）。

4　こうした物質を合成する遺伝子をつなぎ合わせるさいに遺伝子が過剰に活性化される、いわゆる「過剰発現」が起きると、植物の組織が毒性をもつ可能性がある。これらは、蠕《ぜん》虫《ちゅう》や害虫だけでなく、ネコやイヌのほか、鳥やチョウなどの野生動物を死に至らしめるかもしれない。

わたしがすぐに抱いた疑念は、今回のグルテンに動物では安全と考えられた遺伝子組換え小麦が使用されているのをFDAは知っていたのではないかということだ。グルテンが遺伝子組換え作物に由来するのを認めると、消費者がもっともな懸念を抱いてしまい、アメリカの農業バイオテクノロジー産業が打撃を受ける可能性がある。だからFDAにしてみれば、メラミン問題に焦点を合わせているほうが都合がよい。

わたしの疑念は誤っているかもしれない。しかし、それよりももっとまちがっているのは、人間の食用に適さないとされる材料や食品・飲料産業の廃棄物を使い、適切な政府の監督や査察なしに事業を続けるペットフード産業である。そして無農薬で人間的で環境にやさしい農業よりも、農業バイオテクノロジーをはるかに優先し、それを支持する政府である（農業バイオテクノロジーには従来の農業よりもはるかに厳しい品質および安全性の試験と監視が必要だ――たとえ税金がどれほどかかろうとも）。

広く使われている除草剤グルホシネートとグリホサートは、実験動物で腎毒性やそのほか病気の原因となることが認められており、今回の問題にもかかわっているかもしれない。これらの除草剤は、アメリカ全土の作物に大量に使用され、作物によって吸収されている。こうした作物は遺伝子組換えにより除草剤に耐性をもつようにつくられているので、ほかの植物が一掃されても生き残ることができる。

こうした農薬がペットフードに含まれ、たくさんのペットが病気になったり死んだりしている可能性や、有機認定を受けていないウシ、ブタ、家禽の飼料となる作物やその副産物に農薬が含まれている可能性はかなり高い。

また、作物に含まれる高濃度のBtによって、農家が病気になったり、毒まみれのヒツジができたりしている。それなのに、遺伝子組換え作物が使われていても、ペットフードのラベルにその旨の表示はない。またFDAは、人間の食物であっても、そのことを表示するのを認めていない。だから、わたしたちは、自分たちが何を食べ、ペットに何を食べさせているのかを、知るすべがないのである〔日本では、遺伝子組換え農産物を原材料に使っている場合や、遺伝子組換え農産物とそうでない農産物を分別せずに使っている場合は、その旨表示する義務がある〕。

殺虫剤のシロマジンのようなメラミンと化学構造が似ている物質が、遺伝子組換えの結果、小麦内部に生じたかもしれないというわたしの説は、正しくないかもしれない。しかしそれでも、偶然にしろ故意にしろ、化学物質による汚染はじっさいに起きているのである。たとえば、独立した二つの研究室が、リコールされたペットフードのサンプルにアミノプテリンを発見し、それが殺鼠剤であると断定した。

アメリカは、日々の糧となる小麦の遺伝子組換えを行なうという誘惑に抵抗してきた。しかし中国は、イギリスのロザムステッド農業試験場との共同研究で、小麦のほか、米などの農産物の遺伝子組換え品種の開発をかなり前から行なっている。

そのため、中国から輸入された小麦グルテンが遺伝子組換え由来のものかどうか確定するのは、まちがいなくFDAの責務である。この小麦グルテンは、人間の食用に輸入されていなかったのだから、遺伝子組換えだった可能性はある（もしかしたら、実験的な作物に挿入された抗胴枯れ病菌や抗ウイルス病の遺伝子が「過剰発現」したのかもしれない）。未確認のほかの毒素が、あまたのコンパニオン・アニマルの病気や苦痛、死を招いたことも十分にありえる。

「生命科学《ライフサイエンス》」産業は、遺伝子組換え作物が安全で、従来のさまざまな食物や動物用の作物と「ほぼ同じ」であると、議員を納得させてきた。しかし、科学的な証拠や、動物による安全性試験の結果は、これとは正反対の方向を指し示している。アメリカ政府は、遺伝子組換え作物の種子や食品を全米有機認定基準に組み入れようとさえした。

科学者や環境衛生の専門家、それにシエラクラブのローレル・ホップウッドは、農薬や遺伝子組換え作物の花粉がミツバチの個体数の激減、ひいては農業の破壊を招いた可能性があると指摘する。その一方で、獣医や毒性学者は、食中毒の蔓延と数千のネコやイヌの早死にの原因を解き明かしつつある。わたしは、もっともありそうな原因こそが毒の源であるという説を立てているが、これについてはFDAからの回答を待っているところだ。その毒とは、自ら殺虫性の化合物を生産するよう改変された遺伝子組換え小麦から抽出されたものか、あるいはアメリカに到着後、グルテン内で濃縮した未確認の生物薬剤やほかの化学物質である。

このペットフードのリコール事件によって、一般市民と議員が立ち上がり、自分たちの食物がどのように生産され、どこから来るのかをコントロールできるようにしていくべきだ。生産国や製造方法についてのラベル表示や有機認定がなければ（人間の食用として安全でないものをペットフードに入れないようにしなければ）、加工食品や市販のペットフードは、もはや安全で健康的なものとはみなせない。

それとも、ＦＤＡは、今回の全国規模のペットフード事件の重要性を軽く見ているのだろうか？あと一つ、大きな疑問の答えが得られていない。それは、輸入された小麦グルテンがなぜ人間の食用を意図したものではなかったのか、というものだ。

ペットフード業界は、今回かかった治療費を補償するために、何かしているのだろうか？　明らかに、何もしていない。彼らは、また別の専門部会を立ち上げようとしているだけだ。

業界を代表するアメリカペットフード協会の会長、デュエイン・エクダールは、公聴会の席で上院議員らに向かって、その日の主要紙に打った一面広告を掲げながら、協会がペットフード委員会を設立したと話した。そして、「ペットフードは、市場に出回っているもののなかで、とくに規制された製品である」と主張した。

公聴会には、アメリカ飼料検査官協会の代表者も出席していた。ほとんどのペットフードは同協会の表示基準にしたがっているが、それは品質や安全性をいっさい保証するものではない。両協会の代表者らは、じっさいの内容物の検査や試験についてリチャード・ダービン上院議員に詰め寄られると、きわめて受け身の姿勢になり、発言は互いに矛盾していた。サンドロフ博士は、ペットフード工場に対する過去三年の検査頻度がわずか三〇％だったこと、しかもこの数字は狂牛病のため通常よりも高いものだったことに言及した。

今回のペットフードのリコールは、すべての消費者、すべての飼い主に注意を喚起するものだ。FDAには、答えてもらわねばならない疑問がある。そしてアメリカペットフード協会には、リコールに関係するすべてのペットフード製造業者とその農業関連の子会社の足並みをそろえ、病気になったり死亡したり生涯にわたる治療が必要になったりしたペットにかかる治療費を飼い主に賠償するための緊急の基金を設立する責務がある。

そして、この汚染ペットフード事件を過去のものにしたいと考える既得権団体がある。工業的な食品加工・生産・販売の病的な特性が、人々やコンパニオン・アニマルのほか、野生動物や自然環境に害を与えるという事実を、この事件が明るみに出すからだ。水銀や鉛、ヒ素、カドミウム、ダイオキシン、そのほか多くの産業汚染物質、そしてとくに食品の製造や貯蔵に使われる毒性の高い石油化学製品——肥料や農薬や保存料——は、飲用水や食品、さらには（人間やホッキョクグマ、クジラ、ゾウの）母乳さえ汚染している。こうした物質が原因で、動物と人とを問わず愛するものを長いあいだ苦しめ、早死にさせることになるかもしれない。もちろんそんなことはさせたくない。だが国民の怒りや政治的な行動よりも、無関心や無頓着が勝っている限り、いつまでたっても終わりは来ないだろう。

二〇〇七年四月十八日、サンフランシスコのウィルバー・エリス社は、中国から輸入した米タンパク質にメラミンによる汚染があったため、それまでにペットフード製造業者に納入したすべてのロットに対し自主的な回収を始めた。この米タンパク質を使用したペットフードは市場に流通しているかもしれなかったため、同社は、ペットフード製造業者に対しても、これらのフードを回収するよう要請した。

ナチュラルバランス社はこの事態に対応した最初の会社で、四月十八日に自社のドライタイプのキャットフードとドッグフード二種のリコールを決めた。さらに、ブルーバッファローの子ネコ用ドライフードや、ロイヤルカナンのネコおよびイヌ用のドライフード数種類のように、多くの会社のペットフードがリコールされると、これはメニュー・フーズ社に続く大規模なリコールへと発展した。その後、南アフリカで、トウモロコシグルテンがメラミンに汚染されているのがわかり、ロイヤルカナンは南アフリカのドッグフード市場から撤退した。

また、カリフォルニアにある養豚場は、ブタの尿からメラミンが検出されたため、ブタそのものは健康だったが市場から締め出されることになった。ブタの飼料が疑われたが、それは、ナチュラルバランスブランドのペットフードの製造元ダイアモンド・ペットフーズ社（カリフォルニア州ラスロップ）が、中国から汚染された米タンパク質を仕入れており、ブタの飼料としてペットフードの「再利用品」を農場に販売していたからだ。

ＦＤＡのサンドロフは初めのころ、メラミンがプラスチックの製造に使われていること、タンパク質の含有量を多めに偽装するために故意に添加されたのかもしれないことを示していた。しかし、トウモロコシであれ、小麦であれ、米であれ、それらのグルテンは次世代の生分解性プラスチック〔微生物の作用で無害な物質に分解できるプラスチック〕の製造に使われる。

ここから、とても不愉快な疑問が生まれる。それは、多国籍のペットフード産業が原料費をごく低く抑えることを至上命題とし、ペットフードに工業用グルテンを使用すれば利ざやを増やせると考えたのではないかというものだ。しかし、現実に取り引きされる工業用グルテンは、人間や動物の食用を意図したものではまったくなく、生分解性の食品容器や食器、プラスチック製の買い物袋の製造のためのものだ。ペットフードに入り、無数のペットを苦しめ、死に至らしめたのは、おもにこのグルテンだ。おそらく、メラミンを含む工業用大豆も中国から輸入され、ペットフードの製造に使用されているだろうし、これらが次のリコール事件を起こすかもしれない。

今回のメニュー・フーズ社の大量リコールに関連するイヌやネコの高い疾患率と死亡率は、ほかの(腎臓や肝臓、消化管、内分泌系、免疫系などに有害な)化学物質による汚染によって、さらに悪化していたかもしれない。そして、生分解性プラスチック用に中国で栽培された工業用のトウモロコシや小麦、米、おそらく大豆も、遺伝子組換えのものであったと十分に考えられ、さらに別の健康面や環境面での懸念が生じる。しかし、その詳細が完全に解明されることはまずないだろう。

こうした市販の加工ペットフード産業の大失態は、わたしたちに警鐘を鳴らす。もっとすぐれた品質管理や監督、試験が必要だが、それは現実に即したものでなければならない。最近も、牛挽肉や家禽、タマネギ、ホウレンソウなどの人間向けの作物でも大規模なリコールがあった。コストを優先させていては、どんな大量生産システムも安全な仕組みを備えることはできない。食品産業の廃棄物の再利用や、人間の食用に適さない製品を家畜の飼料や加工ペットフードに混入させている現実は、危機管理における途方もない難問を突きつけているのである。

16 正しい健康管理

新しく子イヌを飼うときは必ず獣医に連れて行き、徹底した健康診断、寄生虫の糞便検査、一般的なウイルス性疾患（イヌジステンパーやプロウイルス、イヌリンパ腫など）に対する一連の主要なワクチン接種をしよう。子イヌが少し成長したら、狂犬病ワクチンの接種も必要になる。住んでいる場所によっては、レプトスピラ症やほかの病気に対するワクチンも必要になる場合がある。これについては獣医に相談するようにしてほしい。イヌフィラリア症の予防には、血液検査と定期的な予防薬が欠かせない（コリー系のイヌには、イヌフィラリア症予防薬に中毒を起こしやすい個体がいるが、いまではその遺伝的傾向を検査できるようになっている）。

成犬も一年に一度は獣医に診てもらい、定期検診のほか、ワクチン接種の有効性の評価に欠かせない抗体価検査を受け、必要ならば追加接種も行なう。

ワクチン接種の効果について獣医のお墨付きが得られるまで、子イヌをリードにつないで外に連れ出したり、公園でほかのイヌと遊ばせたりしてはいけない。でないと、ほかのイヌからうつった感染症で死に至ることもある。多頭飼いの場合、すべてのイヌにワクチンを受けさせて病気を根絶しておくことが、先住のイヌのためでも子イヌのためでもある。

一般的な寄生虫

子イヌは生まれつき回虫に感染しているのがふつうで、ときには鉤虫《こうちゅう》がいることもあるため、子イヌの検便は行なったほうがよい。イヌが寄生虫をもっているように見えるからといって、とにかく駆虫するというのは多くの人が犯しがちなまちがいだ。これは、本当の症状を見落とすことになり、危険な場合もある。獣医の指示を受けずに、家庭で治療するのはやめたほうがよい。

成犬は、とくに外で飼われている場合、鉤虫に寄生されることがよくある。鉤虫は土のなかで成長し、イヌの皮膚に潜り込んで体内に入り、そのあと腸に移動する。鉤虫に寄生されないようにするには、定期検診がとても重要である。

イヌの糞にコメ粒のようなものがあったら、サナダムシがいるサインだ。これも成犬でよく見られる。死んだウサギやそのほかの齧歯類を食べたことが一因として挙げられるが、ほとんどはノミが原因だ。サナダムシは、一生のある時期をノミのなかで過ごすからだ。イヌが自分の体を軽く噛んだり、舐めたりするとき、サナダムシに寄生されたノミを飲み込んでしまう。だから、正しく駆虫しているだけでは十分とは言えず、再感染を防ぐにはノミの駆除も行なわなければならない（ノミの駆除の詳細については第12章を参照のこと）。

イヌを監視なしに自由に歩き回らせておくと、ほかのイヌからノミや寄生虫やいろいろな感染症をもらってくる危険性が高くなる。それに、ほかのイヌとの争いでケガをしたり、車にはねられたりするかもしれない。健康のためには、イヌは屋内か清潔な犬小屋や庭で飼い、リードにつないで定期的に散歩に連れていって運動させるようにする。

もちろん、リードを外した状態で、走ったり追いかけっこをしたりする時間も必要だ。ほとんどのイヌにとって、走ることはこのうえない喜びを与えてくれる。リードを外してやると、イヌは跳びはね、飼い主のまわりをぐるぐる走り回る。目は輝き、口は大きく開いている（イヌ科動物の喜びの表情だ）。だから、イヌが走ったり遊んだり交流したりできる安全なドッグ・パークを見つけるようにしてほしい。

獣医に連れていくべきとき

イヌも人間と一緒で、周期的に病気に罹る。次のような兆候が見られたら、獣医に診てもらう必要がある。

1　活発さや遊ぶ意欲が減っているように見え、食べ物や飲み物をとりたがらない
2　鼻が乾燥し熱を帯び、目が充血する。涼しく静かな場所を求める
3　空咳をし、目や鼻から粘液が出る
4　二四時間以上、下痢が続いている
5　嘔吐を繰り返す。呼吸が困難になる

6　運動耐性が低下し、すぐに疲れる
7　痙攣《けいれん》がある（乱暴に走る、床の上で「泳ぐ」ような行動をとる、口から泡を吹く）
8　耳や口といった体の特定の部位を過度に掻く
9　特定の部位（たとえば腹部や耳、足）に触るとキャンキャン吠える。または、落ち着きをなくす、興奮しやすくなる、すぐに怒るようになる
10　過剰に水を飲む。

運動

イヌは定期的に運動する必要がある。必要な運動量は個体や犬種によってさまざまだ。子イヌが「来い（おいで）」の指示に従うようになるまでは、トレーニングは公式のドッグ・パークで、長めのリードにつないで行なうようにすること。自動車の往来があるところでは、決してリードを外さないようにする。また、過度に走らせるのも禁物で、幼い子イヌのほか、とくに心臓発作を起こしやすい年老いたイヌは注意する。どの年齢のイヌであっても、暑いなかで長い距離を走らせると、熱中症で死んでしまうこともあるため、絶対にしてはならない。過度に運動させると、とくにジャック・ラッセル・テリアや数種の鳥猟犬の場合、激しい痙攣を起こし、後遺症が残ることもある。

イヌを車に乗せて移動する場合、運動後に戻ったときに車内の温度が上がりすぎないように、必ず日陰に車を停めて、窓を少し開けておくようにする。暖かい日には、窓を少し開けていても日向に置かれ

た車内の温度はすぐに五〇℃近くになる。そんな高温にイヌを入れておくと、熱中症や窒息で脳が損傷したり死んでしまったりするかもしれない。もし、イヌの体温が上がりすぎたら、全身に氷嚢をあてたり、ホースで冷水をかけたり、冷たい浴槽に入れたりして、ただちに体温を下げるようにしよう。

一緒に遊ぶ

イヌは、遊びに対する期待をいろいろなやり方で示してくるので、遊びを楽しんでいるのが誰にでもわかる。イヌは遊びたい気持ちを伝えるとき、体の前方を下げて前脚を伸ばし、体の後方をもち上げて尾を振るディスプレイをする。そのさい、目を輝かせて、口を開き、プレイ・フェイスの表情を見せる。この遊びを誘うお辞儀《プレイ・バウ》は、遊びに誘ったり、何かをねだったり、グループが新しいイヌを受け入れたりするさいに基本となる信号だ。また、吠えたり、興奮ぎみに喘いだり（人間の笑いに相当する）、前後に跳ねたりするときもある。わたしは、子どもにも大人にも、イヌと遊んでもらいたいときには、この信号をまねるように勧めている。そうすることで、イヌのボディーランゲージを使ってコミュニケーションをする方法を学べる。ジャンプしたり、喘いだり、キャンキャンと鳴いたり、吠えたりするのも、イヌが遊びに誘うときの信号で、子どもはふざけて興奮したときにこれとよく似た行動をとるので、まねるのも簡単だろう。

子イヌには、噛みついたり、転がしたり、引っ張ったりできるオモチャを与えるようにする。バラバラになったり、砕けたりするものは、飲み込む恐れがあるので避けよう。遊びをとおして、臆病な子イヌは自信をもつようになる。また、引っ張り合いや格闘ごっこをしているなかで、乱暴になりすぎたり強く噛みすぎたりしないことも学ぶ。子イヌは興奮しすぎて、乱暴に遊ぶことがある。乱暴が過ぎたときは必ず叱ったり、しばらく遊ばないようにしたりすると、たいていの場合、すぐに子イヌは穏やかに遊ぶことを学ぶ。

このほかにもイヌが遊びをせがむやり方としては、目を見つめてから襲いかかるときのように身をかがめたり、ソファーや扉のような物陰からあたりをじろじろと見まわしてから、さっと身を隠したりするというものがある。前者の西部劇の決闘シーンさながらのにらみ合いも、後者の「いないいないばあ」も、どちらもすばらしい遊びだ。さらにここから、追いかけっこや、かくれんぼへと発展することもある。わたしはときどき、飼っている三匹のイヌに視線を合わせてから、恐ろしいモンスターのまねをすることがある。みんなこれがお気に入りだ。

たいていのイヌは、ボールやフリスビーや棒を追いかけ、くわえて戻ってきては、何度も投げてもらうのが好きだ。なかには、古いタオルや引っ張って遊ぶゴム製のオモチャで綱引きをするのが好きなイヌもいる。

遊びはおもしろいだけでなく、肉体面にも精神面にもよい影響がある。そして遊びに加わったもののあいだに、社会的で感情的な強いつながりをつくり、それを維持していくのに一役買う。飼い主が一緒になって遊べば、ペットは小さいときから老年になるまで幸せな気分で生き生きとしていられる。また、コンパニオン・アニマルどうしでも遊びを楽しむことがあり、これを見るのはじつに楽しい。

グルーミングのためのガイド

定期的なグルーミングにより、イヌの気分も見た目もよくなる。グルーミングには、ペットの健康を改善させる効果があるという科学的な証拠も見つかっている。老年の動物や療養している動物にグルーミングをすると、血液の循環もよくなる。ペットでも、グルーミングによって緊張がほぐれ、心拍数が劇的に低下する。そのためグルーミングによって、肉体的・感情的なストレスを受けている動物はそれらに対処しやすくなる。

イヌはみな、ブラッシングされるのが好きだ。なかには、飼いイヌがグルーミングされるのを嫌がり、定期的に行なうのが難しいと感じる人もいる。おそらくそれは、イヌがどのようにブラッシングされるのが好きなのかを飼い主が知らないからだろう。次に紹介するガイドを指標にしてもらうと、やきもきしている毎週のグルーミングをもっと楽なものにできるはずだ。

・**幼い時期にグルーミングに慣れさせる**　とくに長毛種は、子イヌのときからグルーミングするようにする。

・**イヌの好きなこと、嫌いなことに敏感になる**　ブラッシングされるとき、床に横になるのが好きなイヌが多い。そんなときは、無理に起き上がらせたり立たせたりしない。体の片側をブラッシングしてから、前脚と後ろ脚を優しくつかんで体を反転させ、もう片側をブラッシングする。

・**適切な櫛とブラシを使用する**　片面に硬い毛、反対の面に針金のついたブラシを使う。冬など空気が乾燥して静電気がたまりやすいときは、わたしは自分の手とブラシを湿らせて、静電気が生じないようにしている。同じ理由から、ウールの敷物か綿のタオルの上にイヌを置いてもよい。

・**優しく扱い、安心させる**　グルーミングを始める前に、頭のあたりを穏やかに撫でて安心感を与え、いつもと違うことは何も起こらないことを知らせる。うっかりイヌの膝や肩にブラシの角を強く当ててしまったときも、撫でるようにする。

・**ブラシや指を適切に使えるようにする**　まず、イヌの背中に指をしっかりと数回走らせ、抜け毛をほぐす。次に、針金のブラシを使ってブラッシングする。頭から尾の先まで、それから顎の下、胸や腹まわり、最後に脚を上から下へブラッシングする。仕上げに、硬い毛の面を使い、顔まわりをブラッシングしてから、背中にブラシをすばやく走らせて被毛にツヤを出す。顔のブラッシングには決して針金の面を使わないようにする。目を突いてしまうこともよくあるし、ほかのケガにもつながるかもしれない。下毛という、断熱効果をもつ内側の厚い被毛が抜ける時期に、ブラシの針金の面で抜け毛を強引に何度もかき集めたりしないこと。皮膚が過敏症になってしまう。また反対に、被毛が抜けていない部位を強くブラッシングするのもよくない。

イヌの毛の生え替わりには、かなりはっきりとしたパターンがあることに気づくかもしれない。初めに足や腿《もも》の周辺の毛が抜けるといった具合だ。こうした部位の毛からブラッシングを始め、ほかのところの毛が抜けるのを待つ。絡まった長い被毛や綿毛は、指やステンレス製の針金の櫛を使ってほぐすのがよい。下毛が浮き上がったら、針金の櫛で引き出してとり除く。犬種によっては、外側の上毛が長く、内側の下毛と簡単に絡まってしまうものもいる。こういうときは、指や針金の櫛を使うのがいちばんだ。被毛が絡まりすぎて塊になっていたら、ハサミでその部分の毛を刈る。被毛を水に浸すと下毛はほぐれやすくなるが、上毛はさらに絡まりやすくなってしまう。だから、被毛が生え替わっているときに入浴させるのは、ブラッシングしてからにしよう。

定期的なグルーミングと合わせてマッサージすることも考えてみてほしい。マッサージ療法は、すべての年齢のイヌによい効果があり、夕食のあとにテレビを見たり、リラックスしたりしているときに、行なうことができる。わたしの著書『フォックス先生の犬マッサージ』〔山田雅久訳、洋泉社〕は多くの人に活用され、同書のマッサージ療法を実践した人が肉体面でも行動面でもたくさんの効果があったと報告してくれている。

定期的なグルーミング

週に一度、イヌの歯や耳、爪を調べるのを習慣にしよう。子イヌのうちに人間に扱われるのに慣れさせておくと、年をとって病気になり治療が必要になったとき、より我慢が利くようになる。長毛のイヌは毎日、グルーミングとブラッシングが必要になる。高温多湿になるところでは、快適に過ごし、湿性湿疹のような皮膚異常を予防するのに、毛を刈り込んだほうがよい場合もある。しかし夏はひどい日焼けを起こしたりもするため、決して「丸刈り」になるまで毛を短くしてはいけない。夏毛には、魔法瓶のようにいくらか熱を遮断して、体温が上がりすぎないようにする働きがあると思われる。

また、定期的にグルーミングすると、イヌならではのにおいを和らげることができる。グルーミングは、夏に毛が抜け始めるときにとくに必要となる。また夏は、ダニについても注意しなければならない（ダニの対処法は第12章を参照）。

冬にも気をつけなければならないことがある。凍った路面に塩類をまくと、イヌは足や腹部に火傷をするかもしれないのだ。そのため、外出したあとは、そうした部位を水ですすいであげるとよい。また、足の指のあいだから雪や氷の塊をとり除くようにしよう（外の犬小屋で飼っている場合はとくにそのようにする）。

冬の短い日照時間は、いわゆる季節性の脱毛や、一部のイヌの部分的な無毛症と関連している。そのため、イヌが好んで横になる場所に全波長域を発する照明を設置し、部屋には加湿器を置いて、暖房による乾燥から皮膚を守るようにするとよいだろう。

責任をもって飼う

イヌが近所を自由に歩き回れるようにしておくと、しばしば問題が起こる。車にひかれたり、交通事故の原因になったりもする。それに、自由に歩き回るイヌによって毎年、何千人もの人、とくにたくさんの子どもが噛まれ、医療処置が必要なほど負傷している。日ごろ大人しいイヌでさえ、屋外では攻撃的になったり、テリトリーを防衛したり、追いかけたり、脅したり、通行人や子どもに噛みついたりすることがある。田舎をうろつくイヌは、その場限りの「群れ」を形成し、家畜を襲って毎年甚大な損害を与えているほか、野生動物にもきわめて大きな悪影響を及ぼしている。

人口の多い都市に住む飼い主は、歩道や公園など公共の場でイヌが排便したとき、それをきれいに片付ける責任がある。小さなビニール袋を手袋のようにして糞を拾い、裏返してから結ぶだけでいい。イヌの糞は汚染物質にもなるし、とくに子どもにとっては感染症の原因にもなる。

また、隣人の権利を尊重し、過剰に吠えないようにしつけるのが、責任ある飼い主である（鳴き声は住宅地で頻繁に問題となる）。さらに、人家の芝生や歩道の植え込みで排尿させないようにしなければならない。濃い尿は草や若木を枯らしてしまう恐れがあるからだ。

性成熟を迎えた雄は、自由に近所を歩きたがる。またその時期の雄は、家の周辺でいつもより攻撃的になり、扱いもそれまでに比べて難しくなるかもしれない。だが去勢をすれば、飼い主とイヌの双方が楽に生活できるようになる。さらにいいことに、去勢は前立腺の疾患の予防にもなる。去勢には、有害な副作用もないし、「柔弱」になることもない。

雌も避妊手術（卵巣切除）をしたほうがよい。そうすれば、発情期の欲求不満を抑えられる。避妊手術は、生殖器系の疾患や乳腺腫瘍に罹るリスクを減らす。それに、望まれないペットが増えすぎるという問題もある（年間何百万匹というイヌがシェルターで処分されている）。飼いイヌを去勢したり避妊したりすることは、こうした問題の軽減に貢献することになり、すべての飼い主の責務である。去勢された雄は扱いにくくなるだとか、雌が成熟するには子イヌを産まなければならないというのは、迷信にすぎない。じっさいは、どちらかというとこの逆であることが多い。

＊　＊　＊

バランスのとれた食餌をとり、定期検診を受ける権利がイヌにあることを積極的に支持し、イヌの欲求や飼い主としての社会的な責任を理解している信頼できる人には、コンパニオン・アニマルは忠実で愛情深くなるだろう。そして、財産やまわりの人々を守ってくれることも少なくないだろう。これこそ本当に対等な関係である。

しかしほとんどの場合、飼い主はイヌよりも長く生きる。だからこそ、愛するイヌの最期には責任をもって向き合わなければならないだろう。つまり、安楽死である。

安楽死について

コンパニオン・アニマルが苦しみ、快復の望みがないとき、世話をする人は哀れみの心から安楽死を選択する。文化や宗教的な習わしによっては、安楽死が受け入れられない場合もある。なぜなら、安楽死では生きものを故意に殺すからだ。たとえばインドでは、神聖なウシを安楽死させるのはタブーだ。こうした習わしは、動物の命や苦しみと関係しているわけではなく、むしろ殺生によって自身が「汚れる」のを恥じることと関連がある。この場合、利己の精神が思いやりのある行動に勝っているのである。このように何もしないこと（動物を苦しませたまま何もしないこと）の意味は、その人物が臆病だというることにとどまらない。安楽死が思いやりではなく、暴力や、宗教の教義への反抗、個人的な汚れと同一視されると、行動を起こさないことから偽善の芽が生まれるのである。

安楽死に対する欧米の態度は、まったく一貫していない。動物の安楽死は文化的には受け入れられているけれども、人間の安楽死に対しては意見の一致が見られない。医師に安楽死の承認を与えられる末期の患者や、彼らを支える親類でさえ、意見はまとまらない。

どんな文化や宗教の倫理原則であっても、酌量の余地（状況のいかんで変わる倫理）を認めているので、絶対的なものではない。同情からきたものでなければ、動物の殺生はまったくの利己的な選択でしかない。わたしは以前、動物の安楽死を決断したさい、その選択と、共感からくる自分自身の苦しみとを区別するのが難しく感じられたときがある。動物を苦しみから解放するのは、その動物の苦しみに対して感じていたわたし自身の重荷を下ろすことにほかならなかった。状況によっては、同情的であることと、正しい判断を下せるほど一歩引いていること（または利己心を捨てること）とを両立させるのは容易ではない。コンパニオン・アニマルを安楽死させる判断を迫られたときなどはとくにそうで、飼い主は決断に苦しむ。共感や、同情による同一視は、動物の苦痛の度合いや快復の可能性といった、医療的な客観性や評価とバランスをとらなければならない。

インドでスノーフレークというポメラニアンを治療していたときのことだ。飼い主が誤ってスノーフレークに熱湯をかけてしまったため、彼女は背中の皮膚のほとんど、体表面の約三分の一を失っていた。その重度の火傷をきれいにしているあいだ、まずわたしが考えたのは安楽死だった。しかし、わたしの予想に反してスノーフレークはそれほど痛がっていない様子で、強い精神と生きようとする意志、それに集中的な治療と愛情とが相まって、三か月で快復した。

そういうわけで、コンパニオン・アニマルの安楽死を考えるときは、獣医によるセカンド・オピニオンを求めるのが重要になる。さらに望ましいのは、偏見のない第三者の意見、つまりコンパニオン・アニマルとあなたとの関係を理解し、かつあなたより公平な立場でいられる親しい友人などの意見を求めることだ。なかには、感情的な理由にこだわる人や、安楽死が最善なときでも奇跡的な快復を根拠もなく期待する人もいる。末期症状の野生動物は、死に場所として安全でひとりになれるところを探すことがよくある。これは、ちょうどコンパニオン・アニマルが死ぬ直前に、引きこもったり、隠れ場を求めて外に逃げようとさえしたりするのと同じだ。

生きることや食物、水、日々の活動、とくに日課の散歩や遊びやグルーミングへの関心がどんどん薄れていく、引きこもったり落ち着きをなくしたりする、さらには怒りっぽくなったり過剰に注意を引こうとするといった行動が見られたら、ただちに獣医の診察を受けよう。こうした行動はすべて、痛みや恐怖や、わたしが「老齢性気分変調」と呼ぶ状態、つまり幸福感とは対照的な状態を示す兆候だ。そのさい、できれば病院に連れて行くよりも、往診に来てもらうほうがよい。ただ、コンパニオン・アニマルが穏やかな性格だったり、前回の診察で過度にとり乱したわけでもなかったり、病院への短時間の移動が苦痛でないようなら、こちらから診察を受けに行ってもいいだろう。なかには、「死すべき時」が来たことを悟っているように見えるものもいる。同じ家に暮らしている動物も、こうした状況に反応して、いつも以上に注意や気を配ったり、あるいは恐れて接触を避けたりする。これは、人間どうしで見られる反応と同じである。

多くの動物にとって、自宅での安楽死がもっとも思いやりのある対応だろう。それは、家族にとっても最善であるかもしれないし、処置を見せないにしても一緒にすんでいる動物にとってもそうだろう。安楽死のあとの遺体と面会するのは、ともに過ごしたものにとって、気持ちの整理をつける大切な時間となる。また、動物病院での処置と同じように、安楽死の過程に飼い主が立ち会うのを嫌う獣医もいるが、一方で、一人以上の家族が同席して、安楽死の処置が行なわれているあいだコンパニオン・アニマルを支えるようにうながす獣医もいる。

とくに広く採用されている安楽死の処置は次のようなものだ。まず、腿《もも》などの厚みのある筋肉組織に鎮静剤を注射し、その後、バルビツール酸系催眠剤を静脈注射する。催眠剤によって、全身麻酔を受けたときのように急速に意識が遠のいていくが、この場合は過剰に投与しているので決して意識は戻らない。場合によっては、心臓を止める作用のあるほかの薬を組み合わせることもある。意識を失うさい、体の動きや筋肉の痙攣《けいれん》、呼吸の変化のほか、ときには声をともなう喘ぎやうめき声が起こることがある。事前に知らされてない人は、ひどくとり乱してしまうかもしれないが、こうしたことは、意識を失ったあとの脳や血液循環の停止と関連した体の反応であって、苦しんでいるわけではない。なかには静脈注射のあと、まるで安堵のため息のように、短く息を吐いて亡くなる動物もいる。しかし、こうした反応は予測できないため、多くの獣医は安楽死の様子を家族にあまり見せようとしない。

恐怖を感じない尊厳ある死が、安楽死の目標である。悲嘆や罪悪感、コンパニオン・アニマルの死に対する自分や他者への非難はすべて、死者を悼む過程の一部だ。家族や友人の支えを求めたり、支援グループを訪ねたり、悲嘆《グリーフ》カウンセリングを受けたりすると適切な助言が得られるだろう。支援グループやカウンセリングは、獣医や地域の動物愛護協会をとおして照会してもらえるはずだ。コンパニオン・アニマルを失う深い悲しみは、予想以上に大きな痛みをともなって長引くかもしれない。ときにはうつや絶望感も併発して、命にかかわるときさえある。喪失や自責の念で頭を一杯にするのではなく、一緒に過ごした素敵な時間を思い出すようにしよう。コンパニオン・アニマルが与えてくれた無条件の愛や喜び、そして彼らの魂を恐怖や苦痛から解放してあげられたことを考えてみよう。こうしたことは、安楽死させた経験から立ち直るうえで必ず通る道である。

最終的に、動物の安楽死に対して楽観的に構えるでもなく、廃止しようとするでもない姿勢が大切だとわたしは思う――これは、人間の安楽死についても言えることだ。極端に走らない中立的で、しかも思いやりのある立場を確立するのは難しい。西洋以外の国はどうかというと、動物の安楽死をめぐる理性と思いやりは、暴力による反対を引き起こしかねない。だが、見捨てられたウシが餓死したり、去勢された野犬が不幸な生き方をしたのち、交通事故で死んだり行政によって感電死させられたり毒殺されたりするのは、悲劇以外の何物でもない。飼い主のいないイヌを安楽死させるという欧米の動物愛護の方針は、アジアの国々では忌み嫌われている。苦しみに晒され続けると、人はそれに鈍感になっていく。そして、責任ある安楽死をタブーとすると、生かしておくという行動が残酷な結果をもたらす場合もある。それは、動物のＱＯＬ（生活の質）や経験している苦しみを考慮せず、まったくの利己的な理由から、愛するものを無理に生かしておくというのと同じである。

17 すばらしき雑種

純血種に関する倫理的な問題

イギリス獣医師会は、イヌの断耳に長いあいだ反対してきた。イギリスでは、これは違法なため、ドッグショーで耳を切り落とされたイヌを見かけることはいっさいない。同会は断尾についても、壊疽《えそ》や外傷のために外科的な切除が必要な場合を除いて強く反対している。治療目的でなく、美容や犬種標準を満たすための断尾は、イギリスでは違法とされている。

イヌの尾は、バランスをとるためだけでなく、とくにコミュニケーションをとるためにも必要なものだ。イヌは尾を使い、社会的な地位やさまざまな感情を表現する。また、断尾をすると、切断神経腫になることがよくある。尾の神経に起きるこの炎症によって、イヌは正気を失い、自分の尾を追いかけたり噛んだりし続けることがよく起こり、ふたたび尾を切断しなければならなくなる。

アメリカのドッグショーでも、尾や耳が切り落とされていないドーベルマンやシュナウザーを見かける機会が増えてきている。それに、アメリカ獣医師会は断耳に反対する声明を出している。だが、いまだに断耳の手術を行なう獣医はいる。断耳に反対するさいのおもな争点は、それが医学的にまったく利益のない手術であるという点だ。そのため、獣医による施術としては倫理に反しており、容認できない。動物の権利のためのアメリカ獣医師会は、ブリーダーや飼い主、とくにドッグショーの人々に断耳をしないように呼びかける全国的なキャンペーン運動を行なってきた。断耳は、子イヌにたいへんな痛みを強いるし、失敗することもよくあり、何週間ものあいだ添え木と包帯で耳を支えなければならない。感染症を発症することも多く、とくに高温多湿になるところでは顕著に見られる。これらはすべて苦痛に次ぐ苦痛でしかない——そして、そこにいったい何の目的があるというのだろう？　断尾とともに断耳もまた、あらゆる犬種標準から排除すべきだ。

断耳されたイヌが精神的外傷《トラウマ》を抱えることを示す証拠がたくさん挙がっている。感受期（生後八〜一〇週あたり）のあいだに耳を切りとられたイヌは、あとになって頭部を触られるのを避けたり、触れられること自体を嫌がったりする傾向があり、感染症を起こして苦痛を経験したイヌではその傾向はさらに強くなる。わたしにしてみれば、断耳は、番犬の上唇を外科的に切除し、たえず吠えるようにするのと同じくらい受け入れがたい。かつてある獣医が、ドーベルマンを私有地を守るために貸し出すニューヨークの会社の要請で、この外科的な処置をした。すると、そのドーベルマンは、つねに吠えるだけでなく、ほかのイヌよりも恐ろしい外見になった。この処置を残酷で非倫理的と思うのなら、断耳についてもそう感じるはずだ。

イヌにしてみれば、断耳にはまったく利益がない。それはただ、人間の虚栄心のためだけのもので、文明社会にもドッグショーにも受け入れられない歪んだ美学だ。ドッグショーは、イヌへの敬意だけでなく、思いやりも見せる場にすべきだ。そうした外科的な切除は、人間のわがままや、思いやりの欠如の露骨な例で、いかにわたしたちが最新の流行やファッションに弱いかを示すものだ。こうした利己的な目的のために、イヌを犠牲にしてはならない。

すべてのドッグショーの審判員や参加者は、ある決められた日以降に切断した場合は参加できないようにして、断尾や断耳を禁止にすべきだと、強く主張したい。この日より前に生まれていた場合は、尾や耳を切除されていてもドッグショーにエントリーする資格があるとすることで、徐々にこの慣行を廃止していくことができるだろう。

純血種には、人道主義者の感情を逆なでする問題がほかにもある。純血種の問題を無視すれば、そのために生じる彼らの状況に、わたしたちの感受性の鈍さが透けて見えるだろう。たとえばイギリス獣医師会は、シャー・ペイ〔中国産の闘犬〕の繁殖の禁止に踏み切った。なぜなら、皮膚の襞《ひだ》によって慢性の感染症を（高温多湿になる場所ではとくに）起こすためだ。またシャー・ペイは、まぶたが内側に巻き込まれる眼瞼内反症《がんけんないはんしょう》を患うため、目の疾患に罹りやすく、しかも外科的な処置をしないと失明に至ることもある。しかし、この犬種を繁殖したがる人がおり、こうした遺伝性疾患が次世代に引き継がれる。

温暖な気候にうまく対応できない種はほかにもある。たとえば、ブルドッグは呼吸が適切にできないため、熱中症になりやすい。つぶれたような鼻口部や長い軟口蓋《なんこうがい》のために、呼吸するのが難しいのである。また、気管内の圧力が下がり、気管を潰してしまう可能性もある。ペキニーズやボクサーも、一時的な呼吸停止が慢性化する同じような運命に苦しむことがある。

熱帯の地域や季節に適さない品種には、ほかにコッカー・スパニエルがある。垂れ下がった耳は乾きにくいため、慢性的に感染症に悩まされる。ハスキーやキースホンド〔オランダ原産の中型犬〕のような北方の品種は、同じように高温多湿の環境には適応できていないため、フロリダのマイアミやインドのチェンナイなどで飼うのには適さない。

じっさい、ヨーロッパ原産の純血種がこのような気候に順応するのには、何世代もの時間が必要となる。まして、シャー・ペイやブルドッグ、コッカー・スパニエルのような突然変異種はけっして順応することはない。わたしは、ジャマイカやケニア、インドなどに住む飼い主がヨーロッパや北米産の犬種を輸入したために起こった痛ましい悲劇を目にしてきた。地元の野良犬や固有の品種とちがい、移入された犬種には寄生虫や感染症に対する抵抗力がほとんど（あるいはまったく）ない。こうした例では、慢性の皮膚病や免疫系の障害も頻繁に見られる。

◇◇◇◇◇◇◇◇◇◇◇◇◇◇◇◇◇◇◇◇◇◇◇◇◇◇◇◇◇◇

クローン

ヤギ、ヒツジ、ウシ、ブタ、ウサギ、ラバ、ウマ、シカ、マウスで、商業用や生物医学研究用のクローンがつくられている。二〇〇二年一月、イエネコで初のクローンがつくられたと発表された。数年後、ニューヨークのマディソン・スクエア・ガーデンで二匹のクローン猫が展示され、開発会社は飼いネコのクローンを一匹あたり五万ドルで提供するとうたった。

二〇〇五年八月には、韓国のソウル大学校の研究者らによって、アフガン・ハウンドで初のクローン犬が誕生した。同校はこれ以前に、人間の胚をクローン化し、幹細胞を抽出している。このクローン犬の代理母は、イエローのラブラドール・レトリーバーで、一一二三匹が卵子提供や代理出産に使われた。一〇〇〇を超える卵子が準備され、それらの細胞核を、イヌの耳の皮膚から採った細胞核で置き換えた。その結果、三匹が妊娠し、そのうち一匹は流産、一匹は生後まもなく呼吸不全で死に、三匹目が雄のアフガン・ハウンドのクローンとして生まれた。生命倫理学者のなかには、人類の最良の友がクローン化されたという事実が人々の背中を押し、人間のクローンを受け入れる素地となるのではないかと懸念する者もいる。

クローンをつくるには、動物から細胞を一つ採取し、同一種のほかの個体に由来する卵子から核をとり除いたものに注入する。そして細胞分裂を開始させたのち、ホルモンによって着床可能にされた代理母の子宮に移植する。核を移植された卵子の着床率が低いことや、胎盤や胚が正常に発達しない可能性があることから、複数のクローン細胞を代理母の子宮に同時に移植していると思われる。

クローンがビジネスになるほどに技術が完成されると、愛犬や愛猫を定期検診に連れて行ったさい、何個かの細胞を採取してすぐに冷凍し、ペットのクローンを作製する施設に郵送できるようになるはずだ。細胞の処理と貯蔵に対し料金が請求され、飼い主がコンパニオン・アニマルのクローンがほしいと思ったとき、作製料さえ支払えばクローン作製の施設がペットのクローンをつくり始めるという寸法だ。この新しいバイオテクノロジーが完成し、大規模な運営が開始されるまで——檻に入れられた数百、数千の雌のイヌやネコがホルモンを操作されて、卵子を摘出されたり代理出産をさせられたりするまで——、数十万ドルの開発費がかかるだろう。しかし、金銭面よりももっと多くの懸念がある。

イヌやネコのクローンは、飼っていたペットと完全に同じというわけではない。また、多くのクローンがおそらく自然流産するだろうし、さまざまな先天性異常のために処分しなければならなくなるだろう。さらに、成長してから異常が現れるかもしれない。異種間でのクローンでは、内蔵の異常、神経や免疫の問題が起こることがよくあるし、成長を調節する遺伝子の欠陥が原因で、胎児が出生時に異常に大きくなるかもしれない。クローンビジネスに搾取されることになる、檻に入れられた何千という動物の出所や生活の質、未来はどうだ？　こうした処置が及ぼす、彼らの健康や全体的な幸福への影響は？　このやり方は正当化されうるだろうか？　動物に利益がないのは、はっきりとしている。

温かい家庭で飼われるべきシェルターのイヌやネコを、どうして引きとらないのだろう？　クローンをつくるお金があったら、なぜそれを、世界中の数百、数千もの家のないイヌやネコなどの動物の福祉を改善するために寄付しないのだろう？

それにしても、クローンの目的は何か？　確かなのは、専門家や有名人に推薦してもらい、適切な販売促進を行なえば儲かる可能性があるという商業的な動機が存在していることだ。

しかし、はたして愛するペットのクローンをつくったところで、本当に人間に利益はあるのだろうか？　それとも、見当違いな感傷趣味につけ込んでいるだけなのだろうか？　人とコンパニオン・アニマルとの深い感情的な結びつきに目をつけたクローンビジネスは、儲けのために、その結びつきを倫理に反するやり方で搾取しているように見える。イヌやネコの完全な複製をつくることはできないだろう。それは、胎生期や生後の発育のあいだの環境をまったく同じにはできないからだ。すべてのクローンは、もととなった動物の細胞の年齢と、体の年齢がおそらく同じになるはずだ。そのため、六歳のイヌから採取した細胞を使用した場合、クローンの年齢は誕生の時点ですでに六歳となる。

イヌとネコのクローンも、最初は実験レベルでつくられたものが、病気のペットに腎臓や心臓、腰、膝などの予備を提供するために使われるようになるというのは想像にかたくない。また研究所では、イヌやネコといった動物の均一な集団をクローンでつくり、生物医学研究に使用する可能性がある。遺伝子工学で同じ異常をもつように改変されたクローン集団や系統が、人間のさまざまな病気の忠実なモデルとして機能するようにつくられ、儲かる新薬を開発しようとする製薬会社に販売されるだろう。

こうした研究開発における生命倫理や医学的な正当性はしっかりと検討されなければならない。そして、ペットのクローンをつくりたいと考える飼い主には、再考をお願いしたい。というのも、クローンをつくることで、クローンビジネスに活動資金を与えるだけでなく、彼らに社会政治的な信用を与えて、人々の賛同を獲得し、人間のクローンやほかの生物学的に異常で倫理的に疑わしい製品や製造プロセスの市場を生み出しやすくするからだ。

あるベンチャー投資家が二三〇万ドルの資金を提供し、代理人を雇い、すでにその手のビジネスを行なっている大学のバイオテクノロジー研究所を見つけさせた。彼のミッシーというイヌのクローンをつくるのが目的である。この投資家の行為は結果的に、クローンビジネスの広報活動やメディアを通じた宣伝活動の役割をはたした。この出来事は、ペットのクローンは人間のクローンを推進させる一つの戦略になる可能性があるという別の課題を浮き彫りにした。もし、ペットのクローンが現実のものとなったなら、社会全体がこれに鈍感になり、人の完全または部分的なクローン――子どものいない夫婦や身勝手な金持ちの独身者を対象としたものや、組織や臓器移植のための（頭部のない）部分的なクローンなど――に対する抵抗感が小さくなる可能性が大いにあるだろう。

テキサスA&M大学の哲学科は、彼らが「自明の人間中心主義」と呼ぶ倫理原則にもとづいて生命倫理の指針をつくった――この大学の別の学科は、ミッシープリシティ・プロジェクトを立ち上げ、ジェネティック・セービングス&クローンという民間企業を設立していた。明らかにこの倫理原則は、同プロジェクトの倫理や動物福祉という点に対する一般市民の批判や懸念をそらす戦略的なものだった。自明の人間中心主義とは、人間にとってよい事は原則、なんでも倫理的に容認できるというものだ。多くの動物の権利や環境保護の推進者は、人間中心主義が時代遅れの考え方で、物言わぬ動物たちが苦しみ、環境が破壊される根本的な原因とみなしている。

同社のウェブサイトで、複数匹の雌のイヌの里親募集が行なわれた。同社の「生命倫理の原則」では、卵子提供や代理出産のために集められたイヌはミッシープリシティ・プロジェクトで役目をはたすと、その出所（動物シェルター、繁殖場など）に関係なく、みな温かい家庭に迎え入れられることになっていた。パピーミル〔純血のイヌを効率的に繁殖させる犬舎〕のような非人道的な環境で育てられたイヌに出資しようとする者などないだろう。ミッシープリシティ・プロジェクトには、ミッシーのクローンのほかに目標がいくつかあり、それらはウェブサイトで公表された。またそこには、次のようなイヌ科の生殖生理学に関するおそらく数百にものぼる科学論文が含まれていた——絶滅に瀕した野生のイヌ科動物の生殖促進と個体数の回復、望まれないイヌの安楽死を防ぐ手段としてよりよい避妊薬や不妊方法の開発計画、社会的に価値の高いイヌ（とくに捜索救助犬）のクローン作製、一般向けの低価格のイヌのクローンビジネスの育成などだ。

こうした目標は、ある種の信用をこの事業に与え、素直な一般人が受け入れやすいものになっている。それは、クローン技術の限界や有害な影響について限られた理解しかもち合わせていない組織や専門家にいたっても同じだ。こうしたクローン技術の応用に対する倫理的な懸念や、妥当性に関する疑問は、これらの目標のもつ有望性によって巧みにそらされた。

獣医関連の専門家は、コンパニオン・アニマルのクローンに関するリスクや倫理的な問題について、どちらかといえば沈黙してきた。わたしは、尊敬する同業の仲間たちがこの問題について声をあげ始めるにちがいないと信じている——三〇年前、工場式畜産農場が登場し、動物に大きな苦痛を強い、環境を破壊し、一般の人々の健康リスクを増大させたときのように。

追記

ジェネティック・セービングス&クローン社は、二〇〇〇年にネコのクローン事業を開始した。同社の見積もりでは、ネコとイヌのクローン作製価格は三年以内に二万五〇〇〇ドルまで下がるとしていた。しかし二〇〇六年秋、同社は営業を停止した。イヌのクローン作製には一度も成功せず、二頭のクローン猫は期待していたほどの需要をかきたてることはなかった。

家畜化と、オオカミとイヌとの交雑種についての問題

囚われた野生動物が明らかに苦しんでいることが、一万〜一万四〇〇〇年にわたり十分に記録されている。これは動物の家畜化がもたらした紛れもない現実である。家畜となった野生動物は、閉じ込められ、自由を奪われ、肉体的にも感情的にも適応できないような拘束のストレスに苦しまねばならない。世代を経るにしたがい、家畜化された状態や人間の要求に適応できる能力をもったものが選択され、適応できないものは殺される。しかし、もしオオカミのように成長するのに比較的時間がかかる動物なら、人間に適応し落ち着いていられるかどうかがわかるまでに何か月も飼わなければならない。捕らえられ飼育された若いオオカミは、成長するにともなって精神的に不安定になる可能性がある。とくに生後五か月のころや、性的に成熟する一〜二歳のころがそうだ。こうした発達や適応の途上にあるオオカミは、活動や探索する自由や空間を奪われたこと、見知らぬ人やなじみのない物への恐怖、基本的な欲求が乱されたり否定されたり満たされなかったりする状況に苦しむ。これは、野生のオオカミをペットにしようとしなければ避けられる苦痛だ。

同じことがオオカミとイヌの交雑種（狼犬）にも言え、とくに第一世代、第二世代の狼犬にそれがあてはまる。イヌの血が濃い狼犬ほど、より適応しやすくなるし、交雑世代が若い狼犬でも安定し順応できる個体がわずかながらいる。だがそれ以外の個体は苦しむことになる。それは、わたしが行なったオオカミとイヌ、コヨーテとイヌとの交雑種に関する研究からはっきりしている。オオカミやコヨーテと

の交雑種の多くは、安楽死させなければならなくなる。彼らの苦しみは、少数の人が狼犬を飼って得られる楽しみと釣り合っているだろうか？　なかには、交雑種を飼うのは飼い主の権利だと主張する人もいるかもしれない。しかし、飼い主の権利のほうが、こうした交雑種が苦痛から自由になる権利よりも優先するのだろうか？　そうではないだろう。

狼犬を飼い、繁殖させている人がこうしたことを十分に考えているかもしれない。だが、交雑種が苦しんでいるという科学的な証拠は否定できないし、交雑を行ない、それらを飼う権利があると主張するさいの倫理的な問題を避けて通ろうとすべきではない。また、さまざまな犬種を「改良している」という主張によって、不必要な苦痛を与えていることを正当化できはしない。オオカミの遺伝子をふたたび入れなくても、イヌの遺伝子プールにはすべての犬種を改善するのに十分な遺伝子がある。また、自分の飼っている交雑個体だけを挙げて、何匹かは安定していてすぐれたペットになるのだから大丈夫と言って、倫理的な責任を免れることはできない。それでは、適合しなかった個体は誰が責任をとるというのだろう？　はみ出し者は殺されるか、檻に閉じ込められるか、そうでなければ脅威となる人から守らねばならない。狼犬の飼い主やブリーダーのほかに誰が責任をとってくれるというのだろうか？　彼らは自分の狼犬を愛しているかもしれない、いや確かに愛してはいるだろう。しかしわたしが主張したいのは、彼らの愛は盲目で未熟で、責任をともなう思いやりがなく、自分のわがままが倫理的に悪影響を与えているのに気づいていないということだ。

また、交雑種のブリーダーのなかには、よい飼い主を慎重に選んでいる人もいるかもしれない。しかし、交雑種のような敏感で、不安定な（潜在的に不安定な）、しかも繊細な精神をもつ生きものが、残酷な人間――飼いイヌとして獰猛なオオカミがほしいというたぐいの人――の手に渡らないと保障できるのだろうか？　あなたはこのようなことをしないかもしれないが、金銭で動く人間は、交雑種を商品化して、狼犬を誰かれ構わず販売するかもしれない。そして、安定した交雑種が情緒の不安定な人間に売られたとき、動物の苦しみはさらに酷いものになるかもしれない。不安定な人間は、オオカミが獰猛で攻撃的であるというネガティブなつくり話に惹きつけられた人々で、半野生の動物を扱うための知識も感受性ももち合せてはいない。

動物の苦痛を防ぎ、軽減するのは、より思いやりのある社会をめざすための一歩となる。明らかに、狼犬の繁殖は、不必要で身勝手な行動であり、より成熟した見識のある人間であれば手を出さないたぐいのものだ。わたしたちは、ほかの生きものをつくり変えたりしなくとも、彼らとの交流を楽しむことができるはずだ。たとえば、オオカミやその野生の生息地の保護のために立ち上がるのは、オオカミの遺伝子を思いどおりにして交雑種のペットを創り出すよりもはるかにいい。

オオカミとイヌとの交雑種はそもそも自然界には存在しない。したがって生まれてくるのは本来の状態ではない。わたしたちには狼犬が誕生しないように努める責任がある。それは誕生したあと彼らが苦しまないという保証がどこにもないからだ。苦しまず生きる権利を保障することはできない――明らかにこれは、交雑種を繁殖させたり、売ったり、所有したりする人の主張よりも尊重されねばならない。藪をつついてヘビを出すようなまねはせず、オオカミは自然保護区にそっとしておこう。わたしたちは、イヌとオオカミとを交雑して、生物圏〔生物が存在する全領域とそれを構成する全生物〕の問題や動物の苦痛、人間の責任をさらに大きくしなくとも、彼らに敬意を払い、愛することができる。

おそらく精神の奥底では、わたしたちはオオカミであり、イヌであるのだろう——野生でありながら文明化しているのだ。それか、都会で暮らすわたしたちは、野生や荒野の感覚にあこがれているのだろうか？　だから、わたしたちは代わりに、野生動物を撃ったり飼ったり、家畜化したイヌに野生の要素を入れたりして、こうした欲求を満足させようとしているのだろうか？　それとも単に、ふつうでないものを所有することで社会的な地位を得るため、または自分を誇示するためにそうするのだろうか？

だから、狼犬を所有することや繁殖させることの倫理についてだけでなく、その潜在的な動機についてもしっかり検討してみる必要がある。なかには、まったく新しい動物をつくることで、神に近い感覚を抱く人もいるかもしれない。しかし、よく調べてみると、魅力的な交雑種の多くは不安定で異質な存在であるのがわかるはずだ。もし、わたしたちが、野生のあらゆるものの代理人や、ともに暮らす生きものの思いやりに満ちた世話人であろうとするなら、すべてのものにはすでにふさわしい場所があるということ、身勝手な目的のために自然の秩序を変えるとき、余計な混乱や苦しみを引き起こしてしまうということに気づかねばならない。

オオカミの交雑種の研究

一九六七年から七四年のあいだ、わたしはセントルイスのワシントン大学で教えるかたわら、多くの野生のイヌ科動物の行動と発達を研究していた。この研究にはコヨーテとビーグル、オオカミとマラミュートの交雑種も含んでいた。わたしが研究したイヌ科動物の多くは、人の手で育てられたという同じ飼育歴をもち、適切な社会化をはたすようにどの個体も頻繁に人間と接触させていた。たとえば、研究の設計の一部として、社会的および環境的な影響をできる限り一定に保つようにした。そうすることで、わたしたちが関心をもっていた行動や発達の遺伝的なちがいが、社会的および環境的な影響のせいではっきりしなくなったり、変化したりしないようにしていた。

オオカミの血統はおもに飼育下で繁殖させられたカナダのマッケンジー川のオオカミの亜種で、交雑に使われた犬種はアラスカン・マラミュートだった。ジョン・シュミット博士（コロラド州スノーマス）が、二匹の一腹子（一度の出産で生まれた子）の狼犬を提供してくれた。これは第一世代（F1）の狼犬だ。そのなかの一匹とマラミュートを交雑させた（戻し交雑という）。わたしたちはまた、人の手で育てられた三匹の一腹子のオオカミと純血種のマラミュート一匹、オオカミとマラミュートを交雑したF1の一匹も研究した。この研究データは論文としてまとめなかった。というのも、第二世代（F2）の交雑世代が生まれなかったためだ。しかし、オオカミとイヌとの交雑種についての研究からは、気質の発達における一貫した傾向が明らかになった。オオカミの遺伝子をたくさんもっているF1では、オオカミの「野生」の特徴が顕著に現れていたが、より「薄められた」F2以降（たとえば、F1とマラミュートの交雑種）ではそうした特徴はあまり現れなかった。けれども、別の一腹子の比較よりも一腹子のなかでの比較によって、薄められた交雑種のあいだでも、のちに気質が不安定になる個体が出ることがわかった。選択育種により安定した交雑種が生まれるのは疑いないが、わたしが心配しているのは、オオカミとイヌの交雑で行動上の問題をかかえた狼犬が生まれるかもしれないことと、F2以降の交雑では予測できない行動上の問題が生じるという事実だ。

こうした問題をとり除くことは、狼犬のブリーダーにとって現実的で広く受け入れられている目標である。そして気質的にも安定した見事な交雑種がこんにち確かに存在してもいる。しかし、不安定な気質の交雑種に対するわたしの懸念はいまだに消えていない。わたしは、人の手で育てられた臆病なオオカミに比べて、格段に不安定な交雑種を何匹か見てきた。つまり、オオカミとイヌを交雑させることで、感情面や行動面の問題をいっそう強めてしまうかもしれない。この可能性は、わたしたちが行なったコヨーテとイヌとの交雑研究で間接的に裏づけられる。その研究では、F2のなかにまさにこうした悲劇的な例が数匹いたのだ。

オオカミを捕らえてイヌと交雑させ、その子どもをペットにして飼育環境に慣れさせようとするのは禁止すべきだ。命ある魂はみな、生きる権利と、心と体にふさわしい状態で健康である権利を確かにもっている。すべての地方自治体には、すべてのブリーダーや取引業者を厳しくとり締まってほしい。しかし、すでにペットとなった野生動物や交雑種は、ストレスや苦痛を与える環境で飼われているのでなければ押収しなくてもよいだろう。自然と同じような状態でなければ、かならず野生の魂を拘束することになるというわけではない。

しかし、本物の生息地とまったく同じ環境をつくり出す知識を、わたしたちはいまだもち合わせていない。望みうるのは、本物につねに近づけていくということだ。しかし、こうしたとり組みのために、野生動物の生息地の保全や保護、復元に対する活動が弱まってしまってはならない。アパートや家、檻、裏庭は、野生動物の生息地とはまったく異なるため、多くの州では、そうした環境で野生動物を飼ったり繁殖させたりするのを禁止している。しかし、キツネやミンクなどの毛皮農場は例外で、これにはふつうの神経をしている人間なら嫌悪感を抱くはずだ。

本来《ナチュラル》のイヌ《・ドッグ》への称賛

もっとも尽くしてくれた動物であるイヌと人類とのきわめて長い関係——科学者によっては一〇万年に及ぶと言われる関係——には皮肉な歴史がある。古代エジプト文明の人々は、アヌビス（イヌの頭をもつ神）からわかるように、イヌのなかに神を見ていた。エジプトや第三世界の多くの国々では、アヌビスのように崇敬の念をもって彫刻され描かれた六〇〇〇～八〇〇〇年前のイヌの姿がいまでも見つかる。しかし、こうしたイヌはいまでは敬遠され、「雑種の野良犬《パリア》」「駄犬《カー》」「畜生《バスタード》」などと軽蔑的に呼ばれる。パリアは東洋で落伍者や社会の最下層の人間を指すのに使われ、カーは西洋で侮蔑に値する人と同義で、フランスでバスタードは婚外子と同様の意味をもつ。

なぜ、こうした本来《ナチュラル》のイヌ《・ドッグ》〔現代的な育種を受けていないイエイヌ〕に対して広く行き渡った偏見があるのか不思議に思う人もいるだろう。ほぼすべての偏見的な態度の根底には、恐れや無知、迷信があるが、それはナチュラル・ドッグへの否定的な態度においても例外ではない。しかし、ほんの少しの理解があれば、彼らはもっと多くの人から尊敬され、現状よりもかなりよい扱いを受けるようになるだろう。そして、軽蔑的な名前ではなく、尊敬や賞賛を込めたふさわしい名前で呼ばれるようになるはずだ。しかし、これは人によってはたいへんな一歩である。彼らは、さまざまな理由から、多くの人に恐れられているのだ。

西洋ではナチュラル・ドッグの世話をし、家で飼ったりもするが、世界の各地ではこのようなイヌは厳しい暮らしを強いられ、環境がよくても生きるのが困難な時代に遭遇している——彼らは絶えず人間の偏見や恐怖の犠牲になっているのだ。五〇年ほど前、マハトマ・ガンディーは、インドのイヌについて次のような痛烈な声明を発表した。「放浪するイヌは、社会の文明化や思いやりを示しているのではない。反対に、同じ社会のメンバーへの無知や無関心をあらわにしているのだ」

いくつかの宗教的な伝統では、ナチュラル・ドッグは悪魔の化身となっている。これは、イヌが狂犬病になり伝染病を媒介するという理由から多くの人が正当化している偏見だ。噛まれると致命的な狂犬病に感染するのを恐れる村人は、病気のイヌを棍棒で殴ったり槍で突いたり石を投げつけたりする。イヌが悪霊にとり憑かれることがあるという迷信は、おそらく狂犬病に罹ったイヌの狂ったような行動から生まれたのだろう。

ナチュラル・ドッグの起源はいまだによくわかっていないが、大陸を越える広範囲にわたって基本的な体のつくりが似ているため、ナチュラル・ドッグだけで一つの種類に分類される。この種類のイヌは、さまざまな目的のために選択育種されてきた特定の犬種とは明らかに異なる。オーストラリアのディンゴは、野生に返った大型のナチュラル・ドッグだ。一方、アフリカのバセンジーは選択育種の対象となったイヌの例で、巻き尾や皺《しわ》の寄った額といった特定の特徴が「固定」され、強調された。

ナチュラル・ドッグは、人間がつくり出したというよりも、自然の創造物、自然選択の産物という性質が色濃い——トイプードルやバセット・ハウンド、ブルドッグ、大型のグレート・デーンとはちがう。ナチュラル・ドッグは「最初のイヌ」と呼ばれるのがふさわしいかもしれない。というのも、彼らには古い原型的な形態が明確に認められるからだ——とくにアンデス地方や東アフリカ、南東アジアの村に見られるイヌでそれは際立っている。

ナチュラル・ドッグの特徴としては、体重が約一一～二五キロであることや、優位な成犬では上向きに高く湾曲する長い尾があること、淡黄褐色や黄褐色、赤から、白黒のぶちや黒、まだらまでさまざまな色をした短くしなやかな被毛があることが挙げられる。また、脚は通常、長くて丈夫で優美であり、腰の筋肉が十分に発達していて走るのが速い。雌雄とも前脚がとてもしなやかで、ネコのように器用だ。ナチュラル・ドッグの多くは、ネコのように前脚で顔を洗う。前脚の狼爪《ろうそう》〔イヌの足のいちばん内側にある爪〕を親指のように使って、対象物をつかみ、巧みに扱う。雄の首と顎の筋肉は雌よりもかなり発達している。アーモンド形の目は薄い黄色・金色から光沢のある暗い赤銅色のあいだの色で、耳は先が尖り直立しているか、わずかに折りたたまれている（しかしコッカー・スパニエルのように極端に垂れ下がったりはしない）。ふつう胸部が厚くて腰は狭く、小型のグレイハウンドに似ていることが多い。また、アフリカやインドのナチュラル・ドッグは狩り（あるいは密猟）用として人気があり、極東では、がっしりとしたさらに胸部の厚いイヌが珍味として好んで食べられている。

ナチュラル・ドッグの高度に適応した性質を生んだのは、何世代にもわたる厳しい自然選択だ。適者生存という自然選択に晒されることで、彼らは賢さや、用心深さ、敏捷さを極限まで洗練させ、高度に発達した感覚を備えるようになった。もし、多様な犬種のすぐれた性質を組み合わせるか、さまざまに異なる犬種をいくつかの島で数世代、自由に交配させると、ナチュラル・ドッグとよく似たイヌが生まれてくるだろう。

これは専門的には「雑種強勢」といい、近親交配した二つの異なる血統が交配し、両者の遺伝子が混ざった子どもは、両親の血統よりも健康になる。これは紛れもない事実で、発展途上国のナチュラル・ドッグは、輸入された西洋の純血種よりも健康であることが広く認められている。反対に純血種は、さまざまな風土病、とくに寄生虫による感染症に対する自然免疫が十分ではない。

ナチュラル・ドッグは驚くほど適応力にすぐれている。彼らは、自然でも村や都市でも生きて繁殖でき、単独のハンターとしても、群れ《パック》のハンターとしても、自然で腐肉を食べても、都市で残飯あさりをしても暮らしていける。また、家畜と一緒の環境で子イヌから育てられれば、すぐにそういった生活になじむ。そして、引きとった家族の土地や財産、とくに家畜をも含む「群れ」を大いに守るようになる。さらに小さな子どもたちにとっては、遊び仲間や保護者となるほか、「おむつサービス」を代行することもある（じっさい彼らは赤ちゃんの排泄物を食べる）。茂みやジャングルでは、家畜の番や食糧を探す少年や男性について行き、狩りをすることもできる。また、原住民のなかには、イヌの唾液に病気を治す力があることを知っていて、ケガや皮膚の痛むところをイヌに舐めてもらう人々もいる。

群れを形成しているイヌが、それぞれに特定の家族に属していることがよくある。その一方で、村のなかで集団をつくり、特定の人に飼われていないイヌもいる。彼らは共同体のイヌで、そこの人々から世話をされている。この思いやりのある基本的な世話は、第三世界の国々で奨励されてもよい。なぜなら、こうしたイヌは公衆衛生や環境という点で人間社会に明らかな恩恵をもたらしてくれるからだ。狂犬病やジステンパーのワクチンや定期的な寄生虫対策の処置、とりわけ卵巣切除や去勢プログラムに対する助成は、こうしたイヌを助けるうえですぐにでも必要なものだ——彼らはわたしたちに多くを与えてくれるが、その見返りに求めるものは非常に少ないと言えよう。

わたしが引きとったナチュラル・ドッグ。ジャマイカ生まれのリジー（写真中央）、南インドの同じ村から引きとったバットマン（写真左）とキシロ（写真右）。（写真 M. W. Fox）

放浪し、茂みやジャングルで食物採集や狩りをするイヌの群れは、狂犬病やジステンパー、疥癬《かいせん》などの感染症に罹っている場合、野生のイヌ科動物に対する健康上の脅威となる。しかし、村にいるイヌが十分に世話されていれば、食物を探しにさまよう必要もなく、野生動物の脅威になることも少なくなる。

第三世界の国々の村からナチュラル・ドッグがいなくなると、その生活は困窮し、住民の健康リスクも高まるだろう。なぜなら、村のイヌは生ゴミを効率的にとり除いて、捨てられた有機物を再利用し、危険な細菌などの病原体を無害な排泄物にしてくれるからだ。ハンターとしては、有害な小動物を狩り、ひいては疫病を寄せつけないようにしてくれる。また、群れから追い出されたイヌがテリトリーに侵入しようとするのを防いでくれるだろう。このおかげで、狂犬病に罹っているかもしれない放浪するイヌから人々は守られる。ナチュラル・ドッグは、下水やゴミ処理といったインフラが整備されていない貧しい社会で、公衆衛生上の重要な役割をはたしている。こうしたことを考慮すると、彼らはいまよりももっと尊敬されてしかるべきだ。

よいイヌを探していて、第三世界の国々に行ってナチュラル・ドッグを引きとることのできない人は、ぜひ地域の動物シェルターを訪れてほしい。覚えておいていただきたいのは、彼らによく似たイヌは、デトロイトやデリー、ローマやリオでも見つけられるということだ。ナチュラル・ドッグが、社会化されていてかつ虐待された経験がないなら必ずやすばらしい気質に育つということを知り、そして彼らの外見の特徴を知れば、地域の動物シェルターでよい家庭に引きとられるのを待っているナチュラル・ドッグを一匹は見つけられるだろう。わずかな知識とアドバイスがあれば、ナチュラル・ドッグの特徴を備えた成犬や子イヌを選び出すのはそれほど難しくはない。

イヌと人類はともに進化した

類人猿が人間になったのと同じ自然選択の過程を経て、オオカミはイヌになったのだろう。また、信じたくないという人はたくさんいるだろうが、人類もイヌも、自然状態のもとで適応し生存する能力を野生にすむ祖先種と比較すると、さまざまな面で劣っているのは紛れもない事実だ。

しかし、イヌと人間のあいだのコミュニケーションおよび認知や、社交性（接近許容など）、恐怖－闘争－逃走という一連の反応の変化、変化した感情とその神経内分泌機能と結びついた恐怖反応といった、新しい、もしくは発達した特性によって、人類とイヌはそれぞれの祖先とは大きく異なっている。

どちらかがすぐれているとか劣っているというわけではない。単にちがっているだけだ――人類は「文明化」され、イヌは家畜化されたのだ。これは、ある意味で人類とイヌは、それぞれの野生の近縁種よりも、互いに似通っていると言えよう。わたしが「共感による共鳴」と呼ぶものをとおして、わたしたちはほかの動物、とくにイヌとの社会的・感情的・共感的な関係を築き始めた。そして、殺したり食べたり身に着けたりするためという存在を超えたものとして動物を捉え始めたのだ。家畜化による保護のもと数千世代を経るうちに、この共感による共鳴が働いて新しい肉体的・感情的な特徴や性格が生まれた。こうした特徴や性格は、野生の厳しい自然選択を受ければ一世代のうちに消えてなくなるだろう。つまり、人類とイヌ、そしてほかの家畜動物は、ともに進化し始めたのだ。こうした共進化には、さまざまな度合いの、感情的な相互依存や信頼、愛情、相互に高め合う共生の理想形（人と動物の双方の利益が最大となる関係）が含まれている。

そして、わたしたちは文明化し、思いやりと気遣いをもつ種になった。そうなる手助けをしてくれたすべての動物に、計り知れない恩義がある。また、コンパニオンとして人生を分かち合い豊かにしてくれる動物たちに、食物や繊維のために飼育される動物たちに、医学やほかの商業的な目的のための実験に使われる動物たちに、野生に生き自然を豊かにし維持し続けわたしたちの起源を思い起こさせてくれる動物たちに、わたしたちはすべからく責任を負っているのである。

イヌにふさわしい存在になろう

イヌは鏡となって、人間のよいところ、悪いところを映し出す。「イヌは飼い主に似る」という言い古された言葉は、よくよく考えてみる価値がある。わたしたちがどのようにイヌを評価し扱っているか、そしてなぜそうなのかを正直かつ公平に見ていくと、いつの日かわたしたちはイヌの尊厳や品位の水準に到達できるかもしれない。わたしたちがイヌにすることには、わたしたちの人間性が映し出されているのである――これは、個人にも文化にもあてはまる。わたしたちは、自分たちの見るものが気に入るかもしれないし、そうでないかもしれない。けれども、イヌの目をとおして物事を見、彼らの立場に立つようになれば――そして、自分たちがされたくないことをイヌにしないようにすれば――、わたしたちは、彼らが示す友情や献身的な愛にふさわしい存在になれるのかもしれない。

動物との関係を考える

四〇年以上獣医として働き、三〇年以上にわたり動物の権利と生息地の保護にかかわってきたなかで、わたしは一貫して動物の健康や福祉の向上にとり組んできた。動物に対する人間の態度について多くを学ぶにつれ、動物の置かれた状況への感じ方が人によってまちまちであることに困惑することになった。あらゆる国や文化で、人と動物との結びつきを修復しなければならない。とても難しいことだと思うが、これは人間と動物の双方に利益がある重要なことだ。

健全な結びつきは、互いに高め合う関係のなかに生まれる。それには次の二つの要素が欠かせない。一つ目の要素は、生態学や動物行動学のより深い科学的な知識である。たとえば、環境に対する動物の欲求や、動物のコミュニケーションや感情に対する客観的な理解が必要となる。二つ目の要素は、感覚や感情をもつ生きものとして、動物を主観的に理解することだ。これには、動物とのあいだに共感による結びつきをつくる必要がある。共感とは、他者と感情を共有したり、他者の感情を経験したりする能力のことだ（わたしが知っているたくさんのイヌは、飼い主よりもはるかにうまく共感するようだ）。

共感とは、わたしたちと他者とを結ぶ感情の架け橋である。動物についての科学的な知識があっても、彼らとのあいだに結びつきを築くことはできないが、共感にはそれができる。確かに科学の知識があれば、動物の欲求をよりよく理解でき、彼らの行動や意図、感情の状態をはっきりと解釈できるようになる。けれども、科学の知識では動物に同情することはできない。動物への共感は心から生じるものだ——そして、心はわたしたちの存在の核となる部分であり、人間自身や自分たちをとり巻く世界についての知識よりももっと古くからあり、もっと敏《さと》いものだ。

動物無感応症候群——認知と感情の発達障害

「動物無感応症候群」——動物に対する感性が損なわれる障害——は、地球に対する無感覚や無関心という、さらに大きな問題の一部だとわたしは考えている。

ほかの生きものへの共感の欠如から来る倫理面での無知は、敬意が欠如していることと関連する。それはまた、理解の欠如とも関連している。つまり、わたしたちが動物や地球を傷つけると、それは自分たち自身に跳ね返り、とくに食物や繊維の生産、間接的には食事の選択や消費行動、ライフスタイルを損ねてしまうことが理解されていないのだ。

わたしたちは、自然の生息域を破壊することで動物を傷つけ、人間の病気を治療し利益を得る方法を探すために動物に苦痛を与えている。病気の本当の予防はまったく別もので、今日の病んだ時代で標準的に行なわれているものとはまったく異なる考えにもとづいてなされるべきだ。無制限の搾取や自然と生態系の破壊といういまの潮流や、大規模な動物の商業的搾取は、持続的でなく、長くは続かない。不快きわまりないものの一つに、工場式畜産の急増がある。工場式畜産とは、家畜にストレスを強い、病気に感染しやすくさせる集約型の畜産で、環境を損なううえ、消費者に対する潜在的な危険もはらんでいる。もっと多くの消費者が、生態学的に持続可能で思いやりがあり、自然状態に近い畜産を求めるようになれば、動物を狭い場所に詰め込む集約的な畜産や酪農は、しだいに廃止へと向かうだろう。

リチャード・ループが『あなたの子どもには自然が足りない』〔春日井晶子訳、早川書房〕という本を書いたのには元気づけられた。この本では自然が語られているが、それはわたしの主張に登場する動物を自然に置き換えたのと同じだ。自然と動物はよくも悪くも、わたしたちにかかっている。ループは、現代の工業化された消費社会では、子どもたちは自然との有意義な接触や自然に対する理解がないまま育てられていて、これは子どもと地球の未来にとって嘆かわしい事態であると述べている。ループの主張は、世界中の教育者や親の注目を集めている。彼の貴重な本が出版されるずいぶん前のことだが、著名なチンパンジー研究者で友人のジェーン・グドールは、すでにこの問題を認識していて、たくさんの国々の学校で「ルーツ・アンド・シューツ（根と芽）」という事業をスタートさせ、自然や生態、野生の植物や生きものを次世代につなぐ意義を子どもたちに教えてきた。

同情や敬意が多くの人の共通認識になると、ほかの人や、動物、地球、自然との関係および経済活動は、黄金律に従うものになっていく。黄金律とは、自分にしてもらいたいことを他人になせというもので、世界中の宗教がこれを教義にとり込んでいる。この通念には、大昔の教え、つまり利他の精神が含まれている。わたしたちの選択と行動のすべてには結果がともなうのである。

持続可能な関係性は相互扶助にもとづいている。これはロシアのピョートル・クロポトキンが強調した点だ。クロポトキンは、相互に依存し合う機能的な生態系のような理想の共同体を思い描いた。この理想の共同体は、民主的にまとまった個人や、互いに高め合う共生的な大小の集団をつくる生物種によって現実のものとなる。クロポトキンは、ロシアの広大な大草原地帯で共進化した動植物を研究しているときにこうした着想を得た。

「自然体験不足障害」はやがて、生きている地球を命をもたない資源のようにみなし扱うことに行き着く。これはちょうど、「動物無感応症候群」の人が動物を感情のない単なる物として扱うようになるのと同じだ。幼い時期（おそらく生後一八〜三六か月の感受性が高まってから低下するまでの時期）に経験した動物との触れ合いが無神経で無関心で残酷なものだったら、他者に対する共感の力がほとんど発達せず、自分の殻に閉じこもるようになる。共感する力がないと、他者の感情を認識して予想したり、他者と感情を共有したり、自分の感情を表現したり深く考えたりできない。動物の感情を否定する大人や、倫理に対して無関心な大人になってしまうのは、幼い時期に受けた条件づけやある種の「鈍化」に原因があるのである。

わたしは妻と一諸に、インドをはじめいくつかの国で働いてきた。そうした国々で目の当たりにしたのは、人々が生きるのに精一杯で、苦しんでいる動物や汚染された川に見て見ぬふりをする姿だった。無力感に襲われた人々は、諦めて運命論者になるか、無気力や無感情や無関心を決め込むか、忙しさのあまり変化を起こそうとはしなかった。しかも状況によっては、苦しんでいる動物を助けたり、小川を皮なめし工場や食肉処理場の排水から守ろうとしたりすると、命の危険や暴力を受ける恐れがある場合もあった。

他者の苦痛を目にしながら手助けできないという状況は、学習性無力感につながる。他人の苦しみをわかっていながらそれに無関心でいるのは、「傍観者的無関心」といい、共感を完全に断ち切ることへと一歩近づく。次の段階にいくと、他者の苦しみを見て、そこに代償性の喜びを感じる。これはもはや、虐待や故意による残虐行為の一歩手前だ。それは、一人でやろうと複数でやろうと、娯楽や政治、スポーツ、疑似信仰やカルトの儀式、解剖実験だろうと違いはない。

人間の要求・欲求が満たされるには、動物が苦しめられ殺され、自然環境が破壊されなければならないとして、それの何が問題なのか？　多くの人にとっては、明らかにこれは問題とならない――たとえ、これを問題視する人を自分の価値観や行動が傷つけたとしても、また動物を殺し環境を破壊することが倫理にもとるとしてもだ。同情の倫理では、わたしたちの基本的な欲求を満たすのに避けられない危害をなるべく少なくする方法を探し、こうした欲求や食欲、害にしかならない願望を捨て去るように求めている。これらを拒絶することは、人間性や正気を保つ唯一の望みだと一部の人は考えている。つまりは、ほかの生きものが生きていけるように、簡素に生きるのである。

動物の苦しみを見過ごしてはならないのは、それが良心にかかわるものだからだ。動物への故意による虐待や動物が窮地に立たされているのを容認し無関心でいるのは、良心がない状態、いわば「動物病質者《ズーパス》」の状態だ。これは、行動面や、認知機能の障害および愛情の欠落といった面で、社会病質者《ソシオパス》や環境病質者《エコパス》（自然環境を破壊することに良心がまったく痛まない人たち）とよく似ている。共感や同情する能力が欠けると、関心も良心もなくなりうるのである。

動物の苦しみに対し鈍感で、動物を感覚をもたない単なる物として扱うのは、部分的とはいえ人間を物として扱うのと根が同じだ。こうした人間性の喪失は大量虐殺につながるほか、さらによく見られることに、生物種の大量絶滅を引き起こす。その結果、動物の種やその集団が消滅するのではないかと危惧されている。よきにつけ悪しきにつけ、どれくらい動物に対して倫理的な関心をもち、道徳的な配慮をするかといった態度は、わたしたち自身に対する見方を映し出すことがある。人類の心が現実世界の惨事に対して開かれたとき、まわりで起こっているあらゆることを本当の意味で見て感じ、他者の苦しみに完全に共感できるようになり、時代はよい方向へと変わり始めるだろう。

解決方法はたくさんある。リチャード・ルーブの本にある解決策に加え、ペットや野生動物との意味のある触れ合いや、敬意や自制、寛容さ、辛抱づよい観察、理解を育むための親の監督と思いやりのある教育も行なうべきだ。

不思議に対する子どもの感性は、つぶされたり枯らされたりすることなく大切に育まれると、大人になって、神聖なものへの感性として結実する。これは、生きものの尊厳に敬意を払うという倫理的な感覚だ。

子どもの好奇心は、自然科学や有用な知識へとつながる。それは不思議に対する感性と結びついて、想像力と創造力をもたらす。一方、神聖なものへの感性は、倫理や社会そのものの基礎や、すべての生きものに対する共感や同情、充実した関係の基盤となる。生命の共同体のすべての構成員――人間、動物、植物――に等しく配慮するという、共感にもとづいた生命倫理やモラルに対する感受性は、いまだ現実のものとなっていない理想である。もし、幼児期による模範的な体験によって適切に育まれ強化されるのであれば、この理想はやがて実現するかもしれない。

体の健康と同じで、わたしたちの心の健康は地球の健康と深く関連し合っている。わたしたちが身も心も精神も完全で健康でいるには、幼少期の早いうちに、動物と地球との適切なつながりを築かなくてはならない。でなければ、「自然体験不足障害」や「動物無感応症候群」に陥ってしまう。わたしたちは集団的な惰性に流され、人口増加や過剰消費、環境汚染、地球温暖化、家畜および野生動物の窮状などの危機的な問題に建設的に対処しようとしない。だが、これはいずれ過去のことになるだろう。そして、地球規模の保護・保全・復元や、配慮ある動物の扱い方を推進しようとする地域的・国際的なイニシアチブが実現するだろう。というのも、最終的にはそうすることがもっともわたしたちの利益になるからだ。

動物や地球を傷めつけると、それは自分たちに跳ね返り、さらにわたしたちがしたことや、しなかったことによる影響のために、のちの世代が苦しむことになる。イロコイ族の人々の金言にあるように、生きものがつくるコミュニティーで善き人であるためには、「七世代前のことと七世代後のことを考える」ように命じている。これは生命倫理の観点から、結果に対する配慮と言い換えることができ、また実質的には、先祖が犯した過ちから何も学ばない人々はその過ちを繰り返して生きるだけだ、という意味である。

癒しを分かち合う

動物はわたしたちに多くの恩恵を与えてくれている。それについては医療の主流となる分野で認められてきている。それらのなかには、身障者が動物の力を借りるといった動物介在療法などがあり、たとえば乗馬療法のもつ効果は多くの人に理解されている。単に野生動物を観察したり、管理の行き届いた熱帯魚の水槽を眺めて楽しんだりするだけでも、思春期の患者や老人ホームの入居者にはいろいろな治癒的効果がある。

わたしが動物療法と呼ぶこうした新しい領域は、「人間動物療法」と組み合わせることで効果があがる。人間動物療法では、さまざまな方法で人が動物の役に立ち、そのなかで人にもよい影響がある。例を挙げると、地域の動物シェルターでボランティアとしてイヌの散歩をしたり、ネコのグルーミングをしたりするほか、野生復帰施設や野生動物保護センターや動物園で野生動物の赤ちゃんの飼育の手助けをしたりする、といったことだ。思いやりのあるたくさんの人たちが、自分の飼っている動物を老人ホームや養護施設や更正施設に連れて行っている(こうした施設のなかには、動物を飼い、入居者が世話をしているところもある)。

地域の小学校に、自分の飼っている動物や動物シェルターにいる友好的で心身ともに健康な動物を連れて行き、何が動物を幸せにするかということや、動物を世話すること、理解すること、動物に敬意を払うことについて語ってみるのも、人間動物療法の一つである。

感情や倫理が発達するうえで重要な時期にある小さな子どもに、相手の気持ちを推し量る力の重要性を伝えることは、人間と動物との精神的なつながりが形成されるきっかけとなる。このようなつながりがまったくないか、適切につくられなければ、大人になってからの共感や他者の感情に対する感受性が十分に発達せず、そのため感情知性〔自分や他者の感情を理解し、自分の感情をコントロールする能力〕や倫理的な感受性も制限されてしまう。

癒す動物と、動物の治療

四〇年ほど前、獣医学部の学生だったわたしは、いろいろな農場や動物園で働き、大小さまざまな動物や、野生や家畜の動物を見ていくなかで、動物の健康と幸福にかかわる問題の多くが、次のような原因で起こることにすぐに気がついた。

1 どのように扱われてきたか
2 どのような選択育種が、望ましいとされるさまざまな特徴をもたせる目的で行なわれたか。それによって、どのような遺伝的異常が生じたか
3 どのように育てられてきたか
4 成長の初期の段階をどのような環境で過ごし、一緒に育てられた同じ種類の動物や世話をする人間とはどのような関係だったか
5 与えられた食餌の種類や質
6 動物の体や心の基本的な欲求に対して与えられた生活の状態

わたしは、動物を治療し健康にするには、人間と動物との精神的なつながりの修復が不可欠だと気づ

くようになった。このつながりの修復は急いで解決しなければならない問題だった。なぜなら、動物の病気や苦しみの多くは、人間の動物に対する理解や扱い方に原因があったからだ。そして、正しく、倫理的で、公平な（いわば誠実な）関係を動物と築けていない人は、ほかの人や環境ともよい関係が築けないだろうことがわかってきた。人間の多くの苦しみや病気を防ぐカギは、おそらく動物の苦しみや病気の防止においても重要なことだった。そのカギとは、相互の関係や注意深さ、同情や共感、理解や親身さにあったのだった。

生物医学研究での動物使用の倫理

そう思うようになったのは、さまざまな大学の動物研究施設を訪ね、ネコやイヌやアカゲザルなどの動物たちが入れられた狭い檻を目にしたときだった。衝撃だったのは、樹上性で社会性の高い霊長類が何年にもわたって九〇センチ×一二〇センチの金属の檻のなかに一匹で収容されていたことや、ペットとして飼われていたネコやイヌがひどい環境に置かれ、見るからに苦しみ、錯乱していたことだった。

わたしは、こうしたきわめて不適切な状態によって実験動物が病み、精神や体に異常をきたしていること、そのため科学研究の対象としての信頼性を欠いていることを調査し報告した。こうした実験動物から得られた研究成果には、医学的な妥当性はほとんどないだろう――これと似たような耐えがたい状況のもとに置かれた生きものに対しては妥当かもしれないが。

獣医として、また生物医学者として、わたしは倫理的にも科学的にも擁護できないような実験動物の世話と使用とがいまだに維持されている状況を見たが、アメリカの多くの生物医学関連の機関は、わたしの調査結果を受けつけず、あらゆる生体解剖を無条件にかばい続けた。

生物医学関連の産業は、政治や経済や世論を動かす強大な影響力をもっているため、事実をゆがめ、歴史を都合のいいように修正することができる。数回の電話と脅迫の手紙だけで、彼らはこの力を『ブリタニカ百科事典』に対して存分に振るい、その内容を変えさせた。わたしが一九九一年版に寄稿した、残酷な実験に関する項目と、イヌの項目に書いた動物の権利に関する記述を、その次の版で削除させたのである。

百科事典の知識は、都合のいい知識?

子どものころのわたしにとって動物は教師のような存在だったので、大人になってから、わたしがほかの人に動物のふるまいや動物に関する「なぜ」について教えるようになったのはほとんど必然だった。正規の教育によって、わたしは動物の行動を言い表すための適切な科学用語を身につけることができ、その一方で、動物から受けた「授業」のおかげで、動物の行動を解釈することや、新しい理論を構築することができたし、既成概念や体制側の理論に異議を唱えることもできた。わたしは動物からたくさんの贈り物をもらったが、そのなかで特筆すべきは、動物行動の専門家としての国際的な認知を得たことによって可能性が大きく広がったことだ。そのなかに、誉れ高き『ブリタニカ百科事典』に寄稿する機会に恵まれたことも含まれる。

『ブリタニカ百科事典(一九九一年版)』に収載される、イヌとネコの項目の改訂を任されたとき、わたしはこれまでの自らの怠慢を償う絶好の機会を与えられたと思った。
わたしは、生物医学研究におけるイヌの使用について、事実に即した次のような文面を入れることにした。というのも、最良の友であり教師であるイヌに対して、わたしは何かしらの責任があるように感じていたからだ。

イヌ（とくに研究用犬種のビーグル）を使用する一般的な例としてはほかに、生物医学の研究がある。こうした使用には、たいへんな苦痛をともなうことが多いうえ、その科学的な妥当性や人間の健康問題に対する医学的な関連性は疑問視されてきた。たとえば、ビーグルやほかの動物は、数日間タバコの煙を強制的に吸入させられたり、漂白剤や配水管洗剤などの家庭用の化学物質をテストするために使われたりしてきた。さらに、イヌはさまざまな軍事兵器や放射線の効果を試すためにも使われてきた。

改訂版が出版されてまもなく、編集室には何百という手紙が殺到した。科学者個人や、アメリカ薬理・実験治療学会、北米神経科学学会、アメリカ生理学学会などの一流の学会のほか、動物の実験や搾取に賛成する団体に所属する一般の人々までもが手紙を送ってきた。
生物医学の科学者たちは、わたしの記述には偏りがありバランスを欠いていると主張した。彼らは、イヌを用いた実験が、どれほど多くの糖尿病に苦しむ人々や、心臓バイパスや新しい股関節や新しい腎臓が必要な人々を救ってきたのかを、わたしが強調していないというのだ。これに対し、この項目はイヌを用いた生物医学研究がもたらした利益と関係がないものである、とわたしは返答した。

そして、「攻撃的」な記述を次のように変えることを申し出た。

イヌ（とくに研究用犬種のビーグル）を使用する一般的な例としてはほかに、生物医学の研究がある。たいへんな苦痛をともなうことが多いこうしたイヌの使用は、いくらかの科学的・医学的な洞察をもたらしたが、いまでは倫理面からも、科学的な妥当性や医学的な関連性の点からも疑問視されている。たとえば、ビーグルやほかの動物は、数日間タバコの煙を強制的に吸入させられたり、漂白剤や配水管洗剤などの家庭用の化学物質をテストするために使われたり、さまざまな軍事兵器や放射線の効果を試したりするためにも使われてきた。

しかし、ブリタニカの編集者はこの文章をいっさい採用せず、改訂版では、次のような一文に差し替えると言って譲らなかった。

イヌ（とくに研究用犬種のビーグル）を使用する一般的な例としてはほかに、生物医学の研究があり、一七世紀以前から行なわれている。

わたしは、一九世紀になるまで麻酔薬が開発されていなかった事実を書き加えない限り、到底この文章は受け入れられないと編集者に伝えた。単に一七世紀からイヌは生物医学研究で使われてきたと書くだけでは、現在では違法な麻酔なしでの生体解剖が、二〇〇年ものあいだイヌ（そのほかの無数の動物）に対して行なわれてきたという事実を無視することになる。そしてあの文章では、これまでに行なわれてきたという歴史的な事実にもとづいて、ある種の倫理的な容認をほのめかすことにもなるのである。イヌが三〇〇年にわたり科学者により実験されてきたという事実は、動物実験の継続や苦痛を受ける動物があとを絶たないことを正当化できるものではないし、それらを疑問視しないでいる理由にさえもならない。

明らかに、わたしはアカデミックの権威の気に障るようなことをしてきた。しかし、わたしの科学に関する経歴や、イヌやネコについて書いた多数の論文や一般向けの記事や書籍によって、専門家として信頼を得ていたため、わたしはブリタニカのような権威ある百科事典に記事を書くことができた。皮肉にも、わたしが書いた項目に対する検閲がアメリカ中の新聞やラジオで報じられたため、わたしの意見に賛同する人たちからの手紙が何百通と送られてきたのだった。そのなかに、女優のキム・ベイシンガーの手紙があった。

親愛なるフォックス先生

先生が動物についての真実のために献身的にとり組まれていることにお礼を申し上げたく、ペンを執りました。一九九二年一月二十三日付の『ロサンゼルス・タイムズ』で、先生がお書きになった『ブリタニカ百科事典』の記事が注目を集めているのを目にしました。先生はご存知と思いますが、この真相に人々は恐怖を感じています。なにしろ、同じ人間が動物実験の真実を覆い隠してお金を得ているのですから。わたしは、自ら申し立てできないものの代わりに声をあげようとする、すべての人に感謝しています。このことを、先生や『ロサンゼルス・タイムズ』やブリタニカに知ってもらいたかったのです。

心より、キム・ベイシンガー

この騒動は、いかに現実と真実とが引き離されてきているのかを如実に表している。生物医学の進歩の名のもとにイヌが苦しんできたことや、動物実験の科学的な妥当性と医学的な関連性がいまなお疑問視されているという紛れもない真実を現実は示している。しかし、その同じ現実がほかの人の信奉する「真実」を攻撃することが明らかになった。彼らの信奉する「真実」とは、動物の搾取や苦しみが科学知識や医学の進歩のために正当化されるというものだ。生物医学研究の擁護者にとって、動物の苦痛について記録されている数々の現実はまったく真実ではない。これらは、医学の進歩の誇示された目的を達成するために避けて通れない手段なのである。

手紙を書いてくれた多くの人が、『ブリタニカ百科事典』の一九九三年版に、わたしの書いた項目をそのまま載せることを支持してくれているが、彼らとはちがって、わたしは生物医学研究にイヌなどの動物を使用することを受け入れてはいる。しかしそれも、すでに病気やケガをしている個体のみを使用し、しかもその個体やその動物種の利益のために行なうという条件つきでだ――人間にとっての利益はあくまでその次だ。科学知識や人を対象とした医学の純粋な進歩という名のもとに、まわりの生きものになんら利益をもたらすことなく故意に傷つけるのは、それがどんな生きものであろうとも倫理に反している。わたしは、そう信じて疑わない。思いやりを欠いた方法からよい結果は決して生まれない。

生物医学研究の実験動物で問題となるのは、ほかの動物界・植物界の扱い方と同様、進歩やすべての生命に対する優越といった人間中心の価値観やわたしたちの果てしない欲求が、限りのない同情の倫理にとって代わっていることだ。

これが真実でなければ、生物医学関連の人々は、わたしの「バランスを欠いた」百科事典の記事に対してこんなに激しく反応してこなかっただろう。

農業と動物の扱い

集約的な畜産――いわゆる工場式畜産農場――の現状を維持し、少数の権力者の私腹をさらに肥やそうとする農業関連組織から、わたしは嘘や否定やあざけりを浴びせられ、彼らの団結した抵抗にあってきた。集約的畜産の隠された膨大なコストは、国民にも利害関係者にも明かされていない。隠されたコストとは、家畜の病気や苦しみ、生態に与える損失、土壌や化石燃料といった再生不能な自然資源の喪失、家族経営農業の消失と地域や従来の持続可能な農業による社会経済の消滅などだ。集約的畜産は、消費者の食卓の健全さや食の安全にかかわる問題が増えていることの一因であるが、この事実もまた否定されている。
わたしは以前、工場式畜産農場を訪れ、人間の食糧や食品産業にとっての利益のために家畜が育てられている様子を記録した。より自然で環境負荷の少ない代替農業がアメリカやほかの国々でも行なわれているのを見てきているので、食肉（や毛皮）のための工場式畜産農場を正常で進歩的な「最先端」のものとして容認することはできない。こうした農場は、動物にとって病的な環境であり、人間と動物との精神的なつながりが深刻なまでに欠如しているとわたしは思う。動物をただの生産単位として扱い、基本的な権利や行動の欲求を否定するような畜産を発展させ容認することは、人間の意識の常軌を逸した突然変異、つまり共感する感受性が欠如した態度や心の状態を示している。それは倫理的な盲目と言えるのではないだろうか。というのも、そこには、わたしが「野生の洞察力」と呼ぶもの——その洞察力自体に私欲のない知覚の純粋さや明晰さを見いだすことや、すべての生きものがもつ本来の価値と彼らとの生物学的なつながりを認めること——がいっさいないからだ。

この突然変異とは、わたしたちが正常な心をもたず、動物や自然との関係が健全でないというものだ。だからといって、わたしたちが心や行動を改め、野生の洞察力を回復させて、動物や自然とより公平な関係——支配や搾取ではなく、もっと多くの共感や共存や奉仕にもとづいた関係——を築くことができないというわけではない。それができれば、地球規模の人道的で持続可能な社会を築けるかもしれない。しかしそれには、動物を束縛してはならないということがわたしたちの精神性や倫理と不可分なものであり、それなくしてはわたしたち自身も生き延び幸福になることはないのだということに気づかねばならない。

動物は、何千年、何万年のあいだ、さまざまな面でわたしたちを支えてくれており、わたしたちは彼らに感謝してもしきれないほどである。それなのに、わたしたちは、公平で思いやりをもって互いに高め合う共生というかたちで感謝を表すことがいまなおできていない。何しろ、こんにちの人と動物との精神的なつながりは、奉仕と心との交流ではなく、支配と搾取が第一になっているからだ。

科学研究は、人と動物との強い精神的なつながりから人類が多くの利益を得ていることを再発見している。さまざまな研究が示すように、動物は人の情緒面の困難や肉体的・精神的な障害を克服する助けになっているが、それと同様に、わたしたちも動物の力になれる。絶滅の危機に瀕した種を救ったり、生息地を回復し保全したり、医学の技術と科学で動物の苦痛を軽減したりできるのである。

人道主義の報酬

複数の研究が明らかにしているように、動物との愛情深い社会的な心のつながりによって、実験動物の病気に対する抵抗力や、家畜の生産性、イヌなどの動物の訓練能力は高められる。

飼育員が家畜に対して否定的な態度を示し、彼らの管理下にある家畜が人間を恐れていると、こうした動物は慢性的なストレス状態になることが科学的に立証されてきている。このストレスによって、ブタの出産数やニワトリが産む卵の数、雌ウシが出すミルクの量が減少することが示されてきた。また、若鶏や子ブタ、子ウシの肉質と成長にも悪影響があるかもしれない。対照的に、農家や農場経営者、農場労働者、牛飼いが動物を理解し、優しく扱い、恐怖による反応を引き起こさず慢性的なストレスを軽減すれば、そして飼育員と動物とのあいだに強い社会的な心のつながりが築かれていれば、動物はより健康になり、生産性や利益が向上する。つまり、人道主義は報われるということだ。

しかし、こうした明白な事実は、集約的な畜産システムのコスト削減の名のもとに無視されるかもしれない。集約的な畜産システムは、大規模でありながら労力がかからず、一人の人間が数百匹、数千匹もの動物を管理するのである。この省力化による「効率性」は、家畜には個々の世話や、少なくとも日々の定期的な検査が必要だとする人たちによって、数十年にわたって非難されてきた。大規模な工場式畜産農場の家畜に対し、寛容な態度で接する良心的な家畜業者が、動物に無関心だったり恐れられたりする人よりもよい仕事をするかどうかは、議論の余地があるかもしれない。けれども、大規模な工場式畜産農場での仕事は、そこで働く人の行動や態度に悪影響を与えることが示されているし、とくに攻撃的な行動の増加の原因となり、ひいてはそれが動物の幸福や生産性に悪影響を与えていることがわかっている。

動物の究極の目的（生態学的な目的）を自身の目的に適うように人道的に方向づけるのと、工場式畜産農場や遺伝子工学のように人間の利益だけのために、動物の究極の目的と精神（固有の性質）を軽視して操るのとでは大きなちがいがある。かつてすぐれた農家や牧畜家は、動植物の究極の目的から最大限に利益を得ながら、彼らの精神や共生者としての生態系のどちらにも害を与えない方法を知っていた。この思慮深い利用と利己的な搾取とのあいだのちがいは、持続可能な営みかそうでないかのちがいだ。そしてこれは、生命倫理の中心的な問題でもある。

後者の功利主義的な姿勢や生物との関係のあり方は、経済や環境、社会、精神に悪影響を与える。公共の娯楽のために檻のなかに野生動物を閉じ込めたり、遺伝的に欠陥のある「ミニチュア犬」のようなペットを選択育種したり、さまざまな商業利用を目的として遺伝子工学で動物を改変したりすることもまた、人と動物との一方的な関係がどのような結果につながるのかを如実に表している。

要するに、自然農法や有機農業のような自然な営みには、それ相応の高潔さがあるのである。皮肉なことに、産業規模の家畜化の真髄として動物を「変性」させるなかで、わたしたちは自分たち自身にもまったく同じことを行ない、見せかけの「文明的な」要求や進歩による影響に苦しんでいる。しかし、この生命に対する功利主義的な姿勢には、文明化されたものや進歩的なものなど何一つない。なぜなら、最終的に功利主義的な姿勢は、実利のためだけに人間の生命やあらゆる生きものの価値を落とすからだ。そしてそれは、技術を信奉する帝国主義や物質主義的決定論の空虚な究極の目的なのである。

わたしたちが人間と動物との心のつながりにしっかりと向き合い、それを修復しない限り（これは、獣医や人道主義者のいちばんの課題であろう）、生きものや自然に対する人間の病的な態度によって生じる悪影響に苦しみ続けるだろう。

生物多様性や自然資源を破壊する社会は、物質面での破綻をまぬがれない。同様に、動物固有の価値や精神や、生態系における動物の究極の目的に対する敬意がなければ、わたしたちは精神的にも破綻するだろう。人間だけのコミュニティではなく地球のコミュニティには、わたしたち人類の奉仕が欠かせない——生き延び、繁栄し、進化し続けたいのなら、そうする必要がある。

最後に、わたしの人生を一変させたペットのウサギとの個人的な体験を紹介したい。そのウサギからいろいろな刺激をもらったおかげで、わたしは本書を執筆し、人生を捧げてあらゆる生きものの境遇の向上に努めることになったのだ。

ウサギと光

コンパニオン・アニマルは、子どもたちにとても大きな影響を与える。それは、動物がこの世を去ったあとでも同じだ。三歳ぐらいのころ、わたしはサンパーという小型のウサギを飼っていた。サンパーは大人しい性格で、ぽかぽかと温かく、すばしこかった。わたしたちは、温かい寝床と金網で囲われた玄関や通路のある、父お手製のみごとな小屋でサンパーを飼っていた。

毎日、朝食の前にサンパーのところに行ったものだった。いつも彼に話したいことや聞きたいことがあった。ある朝、小屋に行くと、サンパーはまるで眠っているかのように、体を横たえ、のびきっていた。こんなサンパーを見たのは初めてだった。名前を呼んでみるけれど、サンパーは耳も動かさず、目も開かない。怖くなった。小屋の扉を開けて、棒でそっとサンパーの体に触れてみるが、動かない。震える手で体に触れてみた。そして、サンパーの腿《もも》にやさしく手を押し当てたとき、彼が冷たくなって、もう動かないことがわかった。

わたしはどうしたらよいかわからず、戸惑っていた。悲しんだり泣いたりしたのはあとになってからだった。昨日の晩まで、サンパーは元気に動き回っていたのに、いまはもういなくなった。しかし、何がいなくなったのだろう。何しろ、サンパーの体はまだそこにあって、まるでぐっすり眠っているかのようなのだ。わたしには不思議だった。もしかすると、太陽の光でまた温かくなるかもしれないじゃないか。

わたしは母のもとに走り、サンパーが死んでいるからすぐに来て、と伝えた。サンパーの死が確認され、その日の昼近くになって庭でささやかなお別れの会をして埋葬した。それ以来、冷たさと死とが心のなかで結びついた。

わたしには謎だった。サンパーの体を動かしていた彼の命は、体を残してどこに行ってしまったのだろう。天国のことは聞かされていたし、わたしが死んだらそこでサンパーは待っていてくれるだろうと、誰かに言われた。でも、サンパーにどうしてそんなことができるのか不思議に思った。どんな姿で現れるのかも謎だ。何しろ彼の体は庭に埋められているのだ。皮膚や肉はたくさんの虫によって土に戻され、骨だけが残るのは知っていた。草むらで遊んでいるときに、小動物の骨や、ネコに殺されたネズミや鳥にウジがたかっているのをよく見かけていたからだ。サンパーの体が土に還るのなら、ほかはどこに行くのだろう？

数日後の朝はやく、心のなかにまだサンパーがいたわたしは、夏の裏庭に向かった。花が頭を高くもたげていて、朝靄《あさもや》は花の香りでむせ返り、無数の虫が飛び交っていた。この香りの漂う光のなかで呼吸し、靄の向こうの太陽の中心あたりを見上げているとき、恐ろしいけれども心躍る経験をした。それは、いつまでもわたしの心に刻まれることになった。突然、わたしは光があふれる靄のなかを飛び交う粒子になった。そして光に抱かれるすべての粒子とつながり、しかもこれらの粒子が無限にあるように感じられた。その光のなかにサンパーを見たわけではない。その必要はなかった。朝日の温かさは両親の変わらない温かさを思い出させたが、このときのそれはもっと強烈なものだった。そして、わたしという存在の中心にそれが入っていくのが感じられた。

それはすべてを知り愛するもので、それに抱かれることで限りない安心を感じた。サンパーはこの光の一部になっていたので、もう彼がいなくなって寂しいとは思わなくなった。庭のなかの命あるものすべて、花もハーブも木も虫も鳥も、この光の一部なのだと実感した。それは、彼らのなかやまわりに存在していた。これを理解した瞬間、わたしの自己がほかのものから隔てられているという感覚はなくなった。この時以来、死ぬことや死そのものが怖くなくなった。人生でたいへんな困難や胸が張り裂けそうな出来事があっても、サンパーのこと、そしてすべてが生まれてくる源に彼の光と温かさが戻っていったことを考えたら、命のなかに強さや信頼を見いだせるはずだ。

それから何年もたって、病気にかかった数十匹のウサギを苦しみから解放するために踏み殺しているとき、サンパーのことが頭をよぎった。それは、六月初旬の土曜日のこと。イングランドのダービシャー州の、原野と石灰岩の谷を散歩するのに申し分のない日だった。風の赴くままわたしは歩いた。背中に受ける風は、丘の上へとわたしを押し上げてくれるようだった。飛んでいるような感覚だった。さわやかな風が吹いて、舞い上がるような気分に体もつられた。わたしは高揚していたのだ。なぜなら、ポケットには、一九五六年から英国王立獣医科大学で学業をスタートできると書かれた、入学を許可する待ちに待った手紙が入っていたからだ。子どものころの夢が叶ったのだ。いつだって獣医になりたいと思っていたし、あとは試験をすっかりパスしさえすれば、五年で獣医の資格が得られるのだ。

五年か——、とわたしは考えた。それまでの五年間、わたしは地域の獣医の手伝いをして、農場や往診に付いて行っていた。これからどれくらいのことを学ぶのだろう——病気の動物の診断や治療、手術や助産のやり方などなど。五年は長いように思われた。試験に失敗したなら、さらに長く感じるはずだ。古い石灰岩の壁をよじ登っているとき、わたしはうめき声をもらし、反対側で日光を浴びてうたた寝をしていた雌ヤギと子ヤギを驚かせてしまった。わたしが謝ると、彼らは小走りに駆けだし、短くメーと鳴いてから足を止め、好奇心と軽蔑が混ざったような眼差しをわたしに向けた。風に押し上げられ丘に上がると、その頂で深呼吸をして、今日という日と、浮足立った若々しい魂の前に開かれた無限の可能性を堪能した。谷底に駆け下りようとしたとき、石灰岩の岸壁と、沼地のアシの草むらとのあいだにヒツジの通った跡が残っていること、足をとられないように沼地はよけて通らねばならないことがわかった。そのとき、石灰岩の露頭のそばにウサギが動くのを見つけた。そのウサギの動きはふつうではなく、まるで酔っ払っているか呆然としているかのようだった。毒に冒されているのかもしれない。わたしはそう思い、ウサギにゆっくりと慎重に近づいていった。

岩陰に隠れたそのウサギのあとを追うと、巣穴が散在する開けた場所に出た。そこは広大なウサギの繁殖地だった。不可解だったのは、そのウサギがあたりをさまようばかりで、巣穴に入ろうとしなかったことだ。彼女はわたしの存在に気づいていないようだった。

見ると、二〇羽ほどのウサギがあてもなくさまよい、夏の暖かい日差しのなか、ゆっくりと死にかけている。純白の石灰岩と植生の緑が織りなす美しい谷に、見るも無残な光景が広がっていた。吹き抜ける風もなく、どんよりとした空気は死肉に群がるハエであふれかえっていた。比較的元気なウサギを怖がらせないように注意し、ゆっくりと静かに歩いた。彼らは、わたしに気づいていないのか、まったく逃げようとする気配がなかった。病気のために目の見えなくなったウサギが、わたしに気づく様子もなく、足を引きずりながら向かってきた。それとも、そのウサギは殺してくれと懇願しているのだろうか？

わたしは、そのウサギを抱きかかえた。彼女が腕のなかで弱々しくもがくあいだ、口や鼻孔からは血の交じった粘液がわたしの顔やパーカージャケットに飛び散った。目はあまりに腫れ上がっていて、破裂せんばかりだった。救いようがなかった。それは彼女だけでなく、見える限りにいる、くるくると回ったりうずくまったり痙攣《けいれん》したりしている、繁殖地のほかのウサギたちもそうだった。わたしは、この不憫《ふびん》なウサギに、後頭部に鋭い打撃を加える「ラビットパンチ」を与えて息の根を止めた。それから、手に激痛が走るまでラビットパンチで次々にウサギを殺していった。そのあとは、ブーツのかかとを使い、ウサギを下に沈まないよう岩の上に置いて打撃を加えた。

結局、生き残ったウサギはいなかった。わたしはウサギの死骸に囲まれた。おそらく、このウサギたちは、巣穴のなかのウサギを守るために地上に留まっていたのだろう。しかし、生き残ったものがいたのかは疑わしい。すこしずつ正気が戻ってくるあいだ、わたしはウサギの死骸の山のなかにしゃがみ込んだ。そよ風が吹き始め、すぐ近くのアシがカサカサと音を立てるなか、すこし離れた草地の上をヒバリの鳴き声が舞い上がっていくのが聞こえた。

ウサギの置かれたひどい状況に対する激しい怒りをやり過ごすために、わたしは歩きに歩き、これ以上一歩も歩けないというところで地面に倒れ込んだ。広々とした高台の荒れ地に横になり、土の柔らかさと温かさを背中に感じた。そして、心を澄みわたった空へとやり、さえずり舞うヒバリの完璧に調和のとれたリズミカルな動きと声を追った。そうしてようやくわたしは、いましがた目にしたばかりの悲劇に涙を流すことができたのだ。頭部が腫れ、目が飛び出した、たくさんのウサギがゆっくりと死に向かっていた。それは、ウサギ粘液腫というウサギの感染症で、これについては以前本で読んだことがあった。この病気は、ウサギの数を減らすために政府の職員が故意に導入したものだった。この感染症に罹ったウサギは、死ぬ前に必ず長い苦しみを味わうことになる。病気に耐性のある個体が生き残り、徐々に数を増やしていたが、その繁殖地のウサギが粘液腫によって大量死したとき、キツネやフクロウ、タカも食物不足で数が激減した。そして、このウサギの大量死の数年後、ウサギの個体数を抑制する役を担う捕食者が餓死したため、問題はさらに大きくなって戻ってきたのである。

こうした人間による残忍で不毛な細菌戦の試みは、ここだけでなく何十もの谷を、ウサギを狂わせ死に至らせる陰惨な峡谷へと変えた。彼らの苦しみを終わらせる権利がわたしにあったのか？もしかしたら、病気のなすがままにして、谷をあとにしたほうがよかったのかもしれない。しかし、彼らの苦しみはわたしの苦しみでもあり、病気のウサギをそのままにして立ち去る勇気がわたしにはなかったのだろう。

家路につき、夜風があの荒野から湿った空気を運んでくると、悲しみが消えていく一方で、ウサギを次々に殺《あや》めたときに感じた怒りと屈辱がふたたび湧き上がった。どのウサギも叫び声をあげなかったのをわたしは覚えていた。彼らにとって、死は静かな苦しみからの解放だったのかもしれない。わたしが知っているウサギの苦しみや恐怖の叫び声は、少なくともわたしには、身を刺すような痛ましい響きに聞こえる。あの日、ウサギの苦しみに責任を感じ行動を起こしたとき、わたしは彼らに苦しみも恐怖も与えなかった。おそらくあれは、わたしに獣医としての素質と力量があるのかを試す最初の試練だったのだ。そして、思いやりを行動に移せるかどうかをみる、最初にして最大の試練だった。

◇◇◇◇◇◇

訳者あとがき

人間がイヌを家畜化した歴史は、三八億年ともいわれる生物進化の歴史のなかでは一瞬の出来事にすぎない。しかし、絶滅したものを含めると一〇〇〇を超えるといわれるイヌの多様な品種は、人間の自然へのはたらきかけの特異なありかたを象徴している。

最初に生活をともにしたイヌは、危険な野生動物の接近を知らせてくれる貴重な存在だったのだろう。やがて文化が複雑になるにつれてイヌにあてがわれる役割もふえていく。実際的な必要性からではなく審美的な目的でつくられた小型愛玩犬、つまり「ペット」がはじめて登場するのは、イギリスでは一七世紀以降のことになる。いまでこそ愛玩犬はめずらしくないが、その歴史はじつは浅い。「ペット」にかわって「コンパニオン・アニマル」という呼称が使われるようになったのは、一九八〇年前後からである。友人であり仲間であり、人生の伴侶であるといった意味を込めたこの呼称は、人間と動物を対等な関係としてみなそうとする意識のあらわれでもある。フォックスが「イヌは人間を映し出す鏡である」というように、人間の価値観や好みにあわせたさまざまな品種がわずか一万数千年のあいだに誕生し、互いに必要とし必要とされ暮らしをともにしてきた。

本書の著者のマイケル・フォックスは、一九六二年にロンドン大学のロイヤル・カレッジで獣医学を修めたあと、一九六七年にロンドン大学で医学の博士号を、一九七六年には同じロンドン大学で動物行動学の博士号を取得する。ワシントン大学で教鞭をとり、その後、全米人道協会の副会長をつとめた。学者としての研究だけでなく、雑誌で動物に関連したコラムを担当したり、飼い主からの数多くの相談にも対応したりするなど社会的な活動にも力を注いできた。本書にもさまざまな読者や飼い主からの手紙が紹介されているが、市民やコンパニオン・アニマルが抱える現実の問題に向き合い、真摯に応えようとする姿勢は、彼の四〇冊を超える著作に一貫している。

そもそもフォックスは、イヌと人間の行動の発達に多くの類似点があることに関心をもち、イヌの行動の研究をはじめたという。具体的には、キツネからオオカミにいたる一連の野生イヌ科動物と家畜化されたイヌとの行動の比較研究である。そこに獣医学や心理学などさまざまな領域の手法をとりいれ、大きな成果をおさめてきた。動物行動学者のデズモンド・モリスの「イヌのことなら狐《フォックス》に聞け」という言葉は、フォックスの研究に対する高い評価を物語っている。

本書の特色は、イヌについてこのような彼の幅広い視点から語られているということだけにとどまらない。人間とイヌとの共進化による関係のあり方を無条件に褒め称えるのではなく、むしろ批判的にとらえ、そのうえで健全な関係を築くにはどうしたらよいか、さらにそこにどのような意義があるのかを検討していく。これが本書の大きな特色でありテーマでもある。

フォックスは動物にも生きた心があるとし、本書の前半で動物の心や意識について述べている。飼い主なら日常のコンパニオン・アニマルとの交流で明白なこの事実も、科学の世界ではいまだに懐疑的な議論が少なくないからだ。じっさい、コンパニオン・アニマルの行動や肉体的な側面の研究は盛んになされてきたものの、感情についての研究は多いとはいえない。アフリカのフィールドで霊長類の研究をしていたジェーン・グドールも、博士号取得のための研究をするさい、動物に記号ではなく名前をつけることや、個性があること感情があることなどを主張するのは科学的な手法とはいえない、と批判されたという。そしてフィールドでの研究を、「たいてい私の観察は大学の教養のない無邪気な若い女性の記録にすぎないと決めつけられました」と回想している（マーク・ベコフ『動物たちの心の科学』高橋洋訳、青土社）。しかし、動物の感情の世界の探究は確実にその裾野を広げつつあり、フォックスとともに学んだマーク・ベコフも、動物が豊かで深い感情をともなった生活をしているということを示す数々の成果をあげている。そして、動物には感情があるかではなく、どうして感情が発達したのか、動物はどのようにして何を感じとるのかといったさらに先の問いに挑んでいるという。

イヌとの関係のあまりにも人間の側への恩恵が多い片利共生の現状については、本書でも具体例が数多く記されている。イヌとのよりよい関係を見失っているいまの状況をふまえて、動物との結びつきの修復は喫緊の課題だとし、フォックスはつぎのように述べている。「健全な結びつきは、互いに高め合う関係のなかに生まれる。それには次の二つの要素が欠かせない。一つ目の要素は、生態学や動物行動学のより深い科学的な知識である。たとえば、環境に対する動物の欲求や、動物のコミュニケーションや感情に対する客観的な理解が必要となる。二つ目の要素は、感覚や感情をもつ生きものとして、動物を主観的に理解することだ。これには、動物とのあいだに共感による結びつきをつくる必要がある」。彼は、科学が捨象しがちな主観的な理解も、ありのままの動物を理解するためには重要だとする。

では、主観的な理解を深めるにはどうしたらよいのだろう。フォックスは、共感――彼の定義によると、他者と感情を共有したり、他者の感情を経験したりする心のはたらき――による結びつきをつくることをわたしたちにうながす。科学的な知識だけでは、動物とのあいだに精神的な結びつきを築くことはできないが、自発する思いによる共感にはそれができるからである。

じつは相手の内面を積極的におしはかろうとするこの共感のはたらきに注目しているのはフォックスだけではない。経済学者のアダム・スミスも、著書『道徳感情論』(高哲男訳、講談社学術文庫)のなかで、苦しんでいる他者に寄り添う共感は人間社会の基礎であり、人間を人間たらしめているものであると記した。また動物行動学者のフランス・ドゥ・ヴァールは、共感は、生物進化に深く根ざした能力であり多くの動物が共感能力をもっていると述べている(『共感の時代へ』柴田裕之訳、紀伊國屋書店)。

たしかに、種の垣根を越えて動物と交流することには多くの困難がともなう。生物学者のユクスキュルが「環世界」の概念で示したように、生きものはそれぞれが環境を意味づけながら独自な世界を生きているからだ。鋭い嗅覚によるイヌの世界一つをみても、人間のそれとは異なる固有の体系であり、わたしたちには経験ができない。しかし、イヌとの共感による交流をとおしてイヌ特異の世界だけでなく、他者の固有の世界があることを知ることができるし、わたしたちの背後に広がる奥深い自然の世界へと思いを巡らし、想像力を育むこともできる。

本書でフォックスは、コンパニオン・アニマルとの健全な関係をどう築くかという問題が、人間と自然との関係のありかたや、人間性の回復といった現代的な課題を探究するうえでのモデルの一つとなると説く。それは、「イヌが、わたしたちを人間たらしめている」という古《いにしえ》の知恵と深く重なり合うように思う。

この翻訳にあたっては多くのかたにお世話になりました。白揚社の上原弘二氏には、フォックスの長年の研究の想いが詰まったこの一冊を翻訳する機会を与えてくださり、幾度となく温かい励ましをいただきました。また筧貴行氏には、実質的な共訳者といえる丁寧な編集や校正の作業を担っていただくなどひとかたならぬお世話になりました。難解と言われるフォックスの文意を損なうことなく少しでも分かりやすい文章でお届けできたとしたら、それは筧氏のおかげです。三好正人氏には、訳文に目を通しさまざまなアドバイスをいただきました。長いあいだ支えてくださったみなさまに心からお礼申し上げます。ありがとうございました。

二〇一五年三月　北垣憲仁

ISBN978-4-8269-9055-4

幸《しあわ》せな犬《いぬ》の育《そだ》て方《かた》

二〇一五年五月十五日　第一版第一刷発行

著　者　マイケル・W・フォックス
訳　者　北垣憲仁《きたがきけんじ》
発行者　中村幸慈
発行所　株式会社　白揚社　© 2015 in Japan by Hakuyosha
東京都千代田区神田駿河台一―七　郵便番号一〇一―〇〇六二
電話＝(03)五二八一―九七七二　振替〇〇一三〇―一―二五四〇〇
装　幀　岩崎寿文
印刷所　株式会社　工友会印刷所
製本所　中央精版印刷株式会社